剪映×即梦×Premiere×
DeepSeek×ChatGPT
AI 短视频全攻略

彭婧 编著

电子工业出版社
Publishing House of Electronics Industry
北京·BEIJING

未经许可，不得以任何方式复制或抄袭本书之部分或全部内容。
版权所有，侵权必究。

图书在版编目（CIP）数据

剪映 × 即梦 ×Premiere×DeepSeek ×ChatGPT AI 短视频全攻略/彭婧编著. -- 北京：电子工业出版社，2025. 4. -- ISBN 978-7-121-49817-6
Ⅰ . TP317.53
中国国家版本馆 CIP 数据核字第 20259NB969 号

责任编辑：陈晓婕
印　　刷：北京缤索印刷有限公司
装　　订：北京缤索印刷有限公司
出版发行：电子工业出版社
　　　　　北京市海淀区万寿路173信箱　　邮编：100036
开　　本：787×1092　1/16　印张：14　字数：358.4千字
版　　次：2025 年 4 月第 1 版
印　　次：2025 年 4 月第 1 次印刷
定　　价：69.00 元

凡所购买电子工业出版社图书有缺损问题，请向购买书店调换。若书店售缺，请与本社发行部联系，联系及邮购电话：（010）88254888，88258888。
质量投诉请发邮件至 zlts@phei.com.cn，盗版侵权举报请发邮件至dbqq@phei.com.cn。
本书咨询联系方式：（010）88254161~88254167转1897。

前 言

■ 写作驱动

本书是初学者自学 AIGC 短视频的实用教程,对 AIGC 短视频文案与素材的生成、AIGC 短视频的生成、剪辑制作和实战案例等内容进行了详细讲解,帮助读者从 AIGC 短视频生成新手变成高手。

通过学习本书,读者能够掌握一门实用的技术,提升自身的能力,有助于响应我国科技兴邦、实干兴邦的精神。本书在介绍 AIGC 短视频创作理论的同时,还精心安排了 60 多个具有针对性的实例,详细介绍了 14 款 AI 创作软件的操作方法和技巧,帮助读者轻松掌握 AIGC 短视频生成的相关操作技巧,从而做到学以致用。另外,本书中的全部实例都配有教学视频,详细演示案例制作过程。

■ 本书特色

1.200 多分钟视频演示:本书中的软件操作技能实例全部录制了带语音讲解的视频,重现书中所有实例操作,让学习更加轻松。

2.60 多个干货技巧分享:本书通过全面讲解 AIGC 短视频生成的相关技巧,包括短视频脚本文案的生成、素材图片的生成、文本生成视频、图片生成视频及视频生成视频等内容,帮助读者从入门到精通、从新手变成高手,让学习更高效。

3.120 个关键词奉送:为了方便读者快速生成相关的文案和素材,特将本书实例中用到的关键词进行了整理,统一奉送给大家。读者可以直接使用这些关键词,快速生成相似的效果。

4.180 多个素材效果分享:随书附送的资源中包括素材文件和效果文件。其中的素材涉及人像、风景、广告和动画等多种类型,应有尽有,帮助读者快速提升 AIGC 短视频生成的操作水平。

5.500 多张图片全程图解:本书采用了 500 多张图片针对软件技术、实例讲解及效果展示,进行了全程式图解。通过这些图片,让实例内容变得更加通俗易懂,使读者一目了然,快速领会,举一反三,从而制作出更多精彩的视频文件。

■ 特别提醒

在编写本书时,笔者是基于各大平台和软件截取的实际操作图片,因书从编辑到出版需要一段时间,其间,平台和软件的界面与功能会有所调整与变化,请根据书中的思路举一反三,进行学习即可,不必拘泥于细微的变化。

由于 AI 生成具有随机性,即使是相同的关键词,AI 软件和工具每次生成的文案和图片也会有差别,因此书中展示的效果与教学视频中的效果会有差异,在扫码观看教程时,读者应把更多的精力放在关键词的编写和实操步骤上。

本书使用的软件版本：ChatGPT 为 3.5、Midjourney 为 5.2、剪映电脑版为 4.7.2、剪映 App 为 11.7.0、必剪 App 为 2.47.0、快影 App 为 6.20.0.620003、美图秀秀 App 为 9.10.11 正式版、不咕剪辑 App 为 Vexsion 2.1.403、腾讯智影为网页版、文心一格为网页版、一帧秒创为网页版、Premiere 为 Pro 2023，DeepSeek 为 V3、即梦为 V1.3.9。

■ 使用声明

本书及附送的资源文件所采用的图片、模板、音频及视频等素材，均为所属公司、网站或个人所有，本书引用仅为说明（教学）之用，绝无侵权之意，特此声明。

由于现在的 AI 工具更新非常快，为了帮助大家学到更多、更新的技巧，本书特意在正文前面，增加了一章——绪章，介绍了 DeepSeek 与即梦 AI 的应用。对于书中其他工具的应用，原理和方法是相通的，大家可以尝试用最新的工具，举一反三即可。

■ 作者售后

本书由彭婧编著，由于作者知识水平有限，书中难免存在错误和疏漏之处，恳请广大读者批评、指正。

目　录

绪章　DeepSeek 与即梦 AI 的应用 1

DeepSeek 的核心功能 2
    开启新对话 2
    "深度思考"模式 3
    "联网搜索"模式 4
    上传附件识别文字 5
即梦 AI 生成视频的方法 6
    使用 DeepSeek 生成提示词 6
    使用即梦 AI 生成视频效果 7

内容生成篇

第 1 章　AIGC 短视频脚本创作基础 10

1.1 短视频脚本的 3 个基础知识 11
    1.1.1 提前统筹脚本中的事项 11
    1.1.2 使用脚本提高效率和质量 11
    1.1.3 了解 3 种短视频脚本类型 12
1.2 AIGC 创作的 4 个基础要点 13
    1.2.1 什么是 AIGC 脚本文案 13
    1.2.2 AIGC 文案的发展历程 14
    1.2.3 AIGC 文案的生成过程 14
    1.2.4 AIGC 创作的 7 个特点 15

第 2 章　ChatGPT 文案创作生成攻略 16

2.1 ChatGPT 的 5 种回复技巧 17
    2.1.1 技巧 1：使用常规式问答指令 17

2.1.2 技巧2：使用专业性指令模板 18
　　2.1.3 技巧3：使用固定的指令模板 20
　　2.1.4 技巧4：使用参考示例来提问 20
　　2.1.5 技巧5：模仿指定的语言风格 21
  2.2 从4个方面创作脚本文案 22
　　2.2.1 策划主题：吸引观众的注意力 22
　　2.2.2 创作内容：生成创意短视频脚本 25
　　2.2.3 写分镜头：描述视频细节要素 26
　　2.2.4 生成标题：概括视频主题内容 28
  2.3 生成5类视频文案 30
　　2.3.1 互动体验类：激发受众参与 30
　　2.3.2 情节叙事类：引起受众共鸣 31
　　2.3.3 干货分享类：丰富受众知识 33
　　2.3.4 影视解说类：凝练剧集内容 36
　　2.3.5 电商广告类：引导受众购买 37

第3章 AIGC生成视觉图片素材 39

  3.1 文心一格的8种生成技巧 40
　　3.1.1 AI创作图片：选择风格类型 40
　　3.1.2 比例和数量：根据需求定制 41
　　3.1.3 自定义模式：更加符合需求 42
　　3.1.4 上传参考图：生成类似图片 43
　　3.1.5 输入关键词：自定义画面风格 45
　　3.1.6 使用修饰词：提升图片质量 46
　　3.1.7 模仿艺术家：生成风格图片 47
　　3.1.8 输入标签：减少图片元素 48
  3.2 Midjourney的6个绘画要点 50
　　3.2.1 熟悉AI指令：掌握绘画操作 50
　　3.2.2 使用imagine指令：以文生图 51
　　3.2.3 使用describe指令：以图生图 54
　　3.2.4 使用iw指令：提升图片权重 57
　　3.2.5 使用blend指令：混合生图 58
　　3.2.6 使用ar指令：更改图片比例 60

视频生成篇

第 4 章 AIGC 文本智能生成视频 64
4.1 AI 文案生成视频的 2 种方式 65
4.1.1 方式 1：ChatGPT 生成文案后转为视频 65
4.1.2 方式 2：使用"文字成片"功能生成文案和视频 69
4.2 文章链接生成视频的 2 个操作 73
4.2.1 操作 1：搜索文章并复制链接 74
4.2.2 操作 2：粘贴文章链接生成视频 75

第 5 章 AIGC 图片智能生成视频 78
5.1 将图片生成视频的 2 种方式 79
5.1.1 方式 1：使用本地图片一键生成视频 79
5.1.2 方式 2：运用"一键成片"功能快速套用模板 83
5.2 将图片生成视频的 2 个技巧 84
5.2.1 技巧 1：运用编辑功能优化视频效果 84
5.2.2 技巧 2：添加图片玩法制作油画视频 89

第 6 章 AIGC 视频智能生成视频 94
6.1 运用模板功能的 2 个方法 95
6.1.1 方法 1：从"模板"面板中筛选模板 95
6.1.2 方法 2：从"模板"选项卡中搜索模板 97
6.2 添加素材包的 2 个操作 99
6.2.1 操作 1：添加片头素材包 99
6.2.2 操作 2：添加片尾素材包 100

智能剪辑篇

第 7 章 AIGC 文本生成视频剪辑处理 104
7.1 腾讯智影文本生成视频的 3 大技巧 105
7.1.1 技巧 1：借助 AI 创作生成文案和视频 105
7.1.2 技巧 2：借助 ChatGPT 生成文案和视频 110
7.1.3 技巧 3：借助 Midjourney 优化视频效果 114
7.2 一帧秒创文本生成视频的 3 个步骤 120
7.2.1 步骤 1：运用 AI 帮写功能创作文案 121

7.2.2　步骤2：选取文案一键生成视频 123
　　7.2.3　步骤3：替换素材并导出成品 124

第8章　AIGC 图片生成视频剪辑处理 129

8.1　必剪图片生成视频的4大技巧 130
　　8.1.1　技巧1：使用剪辑工具 130
　　8.1.2　技巧2：运用"一键大片"功能 134
　　8.1.3　技巧3：使用推荐的模板 134
　　8.1.4　技巧4：使用搜索的模板 136

8.2　快影图片生成视频的5大功能 138
　　8.2.1　图片玩法：生成动漫变身视频 138
　　8.2.2　一键出片：生成水果视频 141
　　8.2.3　剪同款：生成卡点视频 143
　　8.2.4　音乐MV：生成专属歌词视频 144
　　8.2.5　AI玩法：生成瞬息宇宙视频 147

第9章　AIGC 视频生成视频剪辑处理 149

9.1　美图秀秀视频生成视频的2个功能 150
　　9.1.1　一键大片：AI 自动包装视频 150
　　9.1.2　视频配方：选择模板生成视频 151

9.2　不咕剪辑视频生成视频的2个功能 153
　　9.2.1　视频模板：生成旅行Vlog 153
　　9.2.2　素材库：生成古风视频 155

9.3　Premiere 剪辑视频的3个AI 功能 156
　　9.3.1　场景编辑检测：自动检测和剪辑 156
　　9.3.2　自动调色：提高视频画面的美感 160
　　9.3.3　语音识别：自动生成字幕 161

9.4　剪映的3个文本AI 功能 164
　　9.4.1　文本朗读：对文本进行AI 配音 164
　　9.4.2　识别歌词：为视频添加动态歌词 167
　　9.4.3　识别字幕：为视频添加同步字幕 169

实战案例篇

第 10 章 生成 AIGC 数字人视频 173

10.1 AIGC 数字人视频效果展示 174
10.2 生成与编辑数字人的 3 个技巧 174
10.2.1 技巧 1：生成数字人 175
10.2.2 技巧 2：生成智能文案 176
10.2.3 技巧 3：美化数字人形象 178
10.3 优化数字人效果的 5 个步骤 179
10.3.1 步骤 1：制作数字人背景效果 179
10.3.2 步骤 2：添加无人机视频素材 181
10.3.3 步骤 3：添加数字人同步字幕 182
10.3.4 步骤 4：添加片头和贴纸效果 184
10.3.5 步骤 5：添加背景音乐效果 186

第 11 章 生成 AIGC 演示讲解视频 189

11.1 AIGC 演示讲解视频效果展示 190
11.2 生成 5 段主体内容 190
11.2.1 生成 1：第 1 个数字人片段 191
11.2.2 生成 2：第 2 个数字人片段 194
11.2.3 生成 3：第 3 个数字人片段 197
11.2.4 生成 4：第 4 个数字人片段 199
11.2.5 生成 5：第 5 个数字人片段 200
11.3 添加 5 个细节元素 202
11.3.1 元素 1：添加教学背景图片 202
11.3.2 元素 2：添加片头片尾标题 205
11.3.3 元素 3：添加视频讲解字幕 209
11.3.4 元素 4：添加鼠标指示贴纸 211
11.3.5 元素 5：添加视频背景音乐 213

读者服务

读者在阅读本书的过程中如果遇到问题，可以关注"有艺"公众号，通过公众号中的"读者反馈"功能与我们取得联系。此外，通过关注"有艺"公众号，您还可以获取艺术教程、艺术素材、新书资讯、书单推荐、优惠活动等相关信息。

扫一扫关注"有艺"

资源下载方法：关注"有艺"公众号，在"有艺学堂"的"资源下载"中获取下载链接，如果遇到无法下载的情况，可以通过以下三种方式与我们取得联系：

1. 关注"有艺"公众号，通过"读者反馈"功能提交相关信息；
2. 请发邮件至 art@phei.com.cn，邮件标题命名方式：资源下载＋书名；
3. 读者服务热线：（010）88254161~88254167 转 1897。

投稿、团购合作：请发邮件至 art@phei.com.cn。

绪章
DeepSeek 与即梦 AI 的应用

如今，越来越多、越来越新的 AI 工具层出不穷，如 DeepSeek、可灵 AI、即梦 AI、海螺等 AI 创作工具，从文案生成到图片生成，再到视频创作，充分展示了它们在创意表达上的力量。接下来，将向大家介绍 DeepSeek 的核心功能，以及用 DeepSeek 与即梦 AI 协同创作短视频的方法。请注意，对于 AI 短视频，书中的内容都可以在最新的工具——即梦、可灵工具上也试用一下，原理和方法基本上是相通的。

DeepSeek 的核心功能

DeepSeek 作为一款引领潮流的创新型 AI 工具，受到越来越多用户的青睐。为了帮助大家更好地掌握 DeepSeek 的使用技巧，充分发挥其强大功能，本节为大家逐一揭晓 DeepSeek 的核心功能。

开启新对话

DeepSeek 网页版的核心功能之一是其对话模式。在此模式下，用户可以通过输入问题或任务，启动新的对话。DeepSeek 将基于其强大的自然语言处理能力，快速理解用户需求，并提供精准的解答和建议。下面介绍开启 DeepSeek 新对话的具体操作方法。

STEP 01 在导航栏中单击"开启新对话"按钮，即可开启一个新的对话页面，如图 0-1 所示。

图 0-1 单击"开启新对话"按钮

STEP 02 在输入框中输入相应的指令，用于指导 AI 生成特定的内容，单击发送按钮 ，DeepSeek 即可根据指令生成相应的内容，相应指令及回复内容如下。

> 🧑 提问
>
> 请帮我生成 5 个关于收纳小妙招的短视频标题

>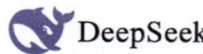
>
> 收纳小妙招短视频标题：
> 1. 震惊！只需 1 个衣架，衣柜空间瞬间翻倍！（利用悬念和数字吸引点击）
> 2. 懒人必备！3 分钟学会超简单收纳法，房间立马变整洁！（强调简单易学，吸引懒人群体）

3. 告别杂乱！这些收纳神器，让你家从此告别"脏乱差"！（突出效果，吸引想要改变现状的用户）
……

> **专家指点**
>
> 因为篇幅所限，AI工具回复的内容只展示部分要点，详细的回复内容请查看随书提供的效果完整文件。

"深度思考"模式

DeepSeek 的"深度思考"模式能够对给定的问题进行多维度、多层次、系统性的分析和推理，不会仅仅提供一个表面的答案。下面介绍使用 DeepSeek "深度思考"模式的具体操作方法。

STEP 01 开启一个新的对话，单击输入区中的"深度思考（R1）"按钮，如图 0-2 所示，开启后，该按钮会变成蓝色。

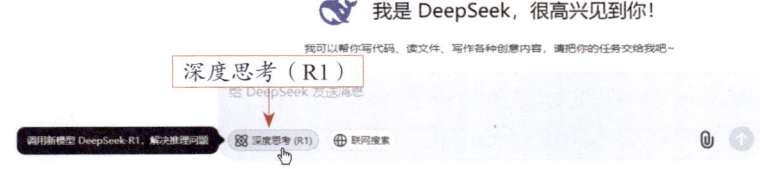

图 0-2 单击"深度思考（R1）"按钮

STEP 02 在输入框中输入相应的指令，用于指导 AI 生成特定的内容，按【Enter】键或单击发送按钮↑，DeepSeek 即可根据指令生成相应的内容，相应指令和回复内容如下。

🙂 提问

> 假设你是短视频营销领域的专家，为一家智能家居电商平台策划 618 促销活动，目标受众是 25-55 岁的人群。要求：
> 1、创意短视频营销方案，包括内容创作、传播渠道和互动设计
> 2、突出产品智能、便捷、节能特点
> 3、提出 3 个以上创新点，提升用户参与度和转化率
> 方案需简洁清晰，符合短视频平台传播规律，能快速抓住年轻消费者注意力并引发传播。

🐋 DeepSeek

> 618 智能家居狂欢节短视频营销方案
> 一、核心创意策略：场景化科技美学 + 沉浸式互动体验
> 二、内容创作体系：
> 爆款短视频模板：
> 「15秒未来生活」系列：展示智能产品在晨间准备（咖啡机联动窗帘）、安全守护（离家模式自动布防）、节能场景（空调与窗帘智能联动）等场景

「产品挑战赛」：30秒完成5项家务挑战（扫地机器人＋智能音箱＋智能灯光联动）

「能耗可视化」对比实验：传统家电 VS 智能家电的月度耗电数据动效展示

……

"深度思考"模式的基本特点如下。

（1）思维过程展示：不仅提供问题的答案，还详尽地展示思考的全过程，使用户能够清晰地洞察"机器的思考方式"，如图 0-3 所示。无论是奥数难题还是生活常识问题，都能呈现出一个完整的分析论证体系。

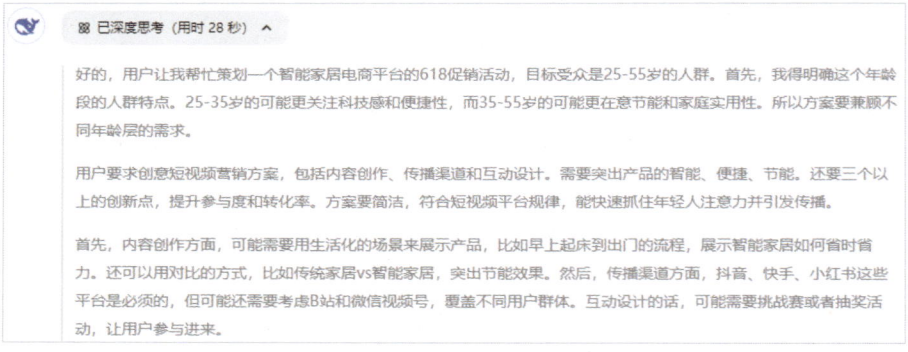

图 0-3 显示 DeepSeek 的深度思考过程

（2）复杂问题处理：在应对复杂的逻辑推理、数据分析及编程挑战时，DeepSeek 可以表现出卓越的能力，能够从多角度全面审视问题。例如，在探讨"是否应以成败论英雄"时，会综合历史视角、现代社会价值观等多个维度进行论证。

（3）类人推理机制：具备类似人类的推理模式，如自我质疑、回溯思考、不断假设验证等。在遭遇困惑时，甚至会"暂停"思考，展现出"紧张"等情绪反应。

"联网搜索"模式

DeepSeek 能够利用最新的在线数据来提供答案，这不仅提高了答复的精确度，也保证了信息的新鲜度和相关性。在处理查询任务时，DeepSeek 会综合考量多个信息源，从中挑选最恰当的内容，以满足用户的查询需求。下面介绍使用 DeepSeek "联网搜索"模式的具体操作方法。

STEP 01 开启一个新的对话，单击输入区中的"联网搜索"按钮，如图 0-4 所示。

STEP 02 在输入框中输入相应的指令，用于指导 AI 生成特定的内容，按【Enter】键或单击发送按钮，DeepSeek 即可根据指令生成相应的内容，相应指令和回复内容如下。

图 0-4 单击"联网搜索"按钮

绪章 DeepSeek 与即梦 AI 的应用

提问

国内最近比较热门的 AI 短视频创作工具有哪些？

DeepSeek

根据搜索结果，2025 年国内热门的 AI 短视频创作工具主要集中在以下几款，它们凭借强大的功能和便捷的操作，成为创作者们的首选：
1. 可灵 AI
特点：由快手推出，基于自研大模型，支持高质量视频和图像生成，操作简单且参数设置灵活，适合短视频创作和日常剪辑。
优势：兼具创意性和实用性，特别适合需要多样化素材的创作者。
……

上传附件识别文字

　　DeepSeek 的上传附件识别文字功能，允许用户轻松上传各类文档和图片，迅速将其中的文字内容提取出来，无须再进行烦琐的手动输入。无论是 PDF、Word 等格式的文档，还是包含复杂排版和多种字体的图片，DeepSeek 都能准确识别其中的文字，并将其转换为可编辑的文本格式，具体操作方法如下。

STEP 01 在 DeepSeek 页面中，❶单击输入区中的"上传附件"按钮 ⏏；❷上传一张图片，如图 0-5 所示。

图 0-5 上传一张图片

STEP 02 在输入框中输入相应的指令，单击发送按钮 ↑，DeepSeek 即可根据指令生成相应的内容，相应指令和回复内容如下。

提问

提取图片中的文字内容并进行总结

DeepSeek

图片中的文字内容主要是一个英语学习课程的促销信息，标题为"领航新学期 英

5

语绿报大礼包"。以下是总结：
促销优惠：课程提供 5.7 折的超值特惠，限时专享。
课程套餐：
连续报 3 个季度，价格为￥988，原价为￥1724。
课程包括 180 天的英语 A+ 系统课、流利说英语阅读课和精品阅读社群服务。
……

即梦 AI 生成视频的方法

视频作为现代信息传递的重要形式，正逐渐融入日常办公的方方面面。DeepSeek 与即梦 AI 的强强联合，为企业提供了从创意到成片的完整解决方案。通过生成精准的视频提示词，结合即梦 AI 的高效渲染能力，能够快速打造出专业级视频内容，满足宣传、培训及汇报等多场景需求。

DeepSeek 与即梦 AI 的协作可以打破传统拍摄方法的限制，快速生成任何主题的视频效果。本节以生成一个樱花视频为例，介绍 DeepSeek 和即梦 AI 的联合用法，效果如图 0-6 所示。

图 0-6 效果展示

使用 DeepSeek 生成提示词

视频的核心在于创意与表达，而清晰的提示词是创意的起点。利用 DeepSeek，用户可以轻松地生成详细且富有启发性的 AI 短视频提示词，为后续的视频生成奠定扎实的内容基础。用 DeepSeek 生成视频提示词的相关案例如下。

🙂 提问

我需要生成一段 AI 短视频，主题为春日樱花，请你为我生成一段合适的提示词，要求：展示樱花、蓝天，不要有人，不超过 80 字。

🐳 DeepSeek

春日樱花盛放，粉白花瓣随风飘舞，蓝天如洗，阳光透过花枝洒下斑驳光影。镜头缓缓推进，捕捉樱花细节，背景音乐轻柔，营造宁静浪漫氛围。

生成结束后，如果用户觉得 DeepSeek 生成的提示词不错，记得将其复制一份，以便在即梦 AI 中使用。

使用即梦 AI 生成视频效果

在提示词的引导下，即梦 AI 能够通过其强大的视频生成能力，将文字描述转化为动态的视觉叙事，为视频创作注入更多活力与表现力。下面介绍用即梦 AI 生成视频效果的具体操作方法。

STEP 01 登录并进入即梦 AI 的"首页"页面，在左侧的导航栏中，单击"视频生成"按钮，如图 0-7 所示。

STEP 02 进入"视频生成"页面，❶切换至"文本生视频"选项卡；❷输入在 DeepSeek 中生成的提示词，如图 0-8 所示，告知 AI 需要的视频内容。

图 0-7 单击"视频生成"按钮

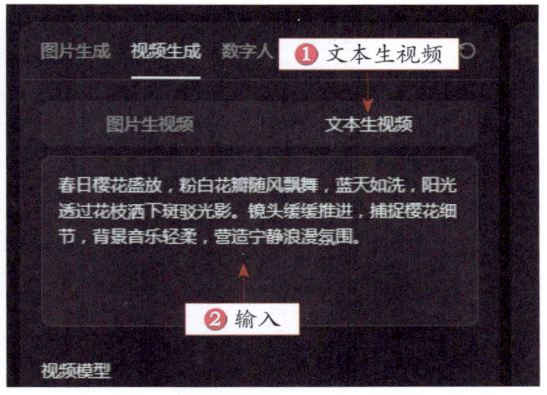

图 0-8 输入提示词

> ▶ 专家指点
>
> 即梦 AI 提供了 4 个不同的视频生成模型，这些模型各有所长。用户在生成 AI 短视频时，可以用同一段提示词来测试不同模型的生成效果，从中选择自己喜欢的视频即可。
> 另外，在使用视频 1.2 模型生成视频时，生成的时长越长，需要消耗的积分就越多，例如生成 3s 的视频需要消耗 3 个积分，但生成 6s 的视频则需要消耗 6 个积分。因此，用户在设置视频的生成时长时，可以根据需求和积分余额来决定。

STEP 03 在"视频模型"选项区，❶单击"视频 S2.0"模型右侧的"修改"按钮；在打开的"视频模型"下拉列表框中，❷选择"视频 1.2"选项，如图 0-9 所示，即可更改视频的生成模型。

STEP 04 在"生成时长"选项区中，选择"6s"选项，如图 0-10 所示，让 AI 生成 6s 的视频效果。

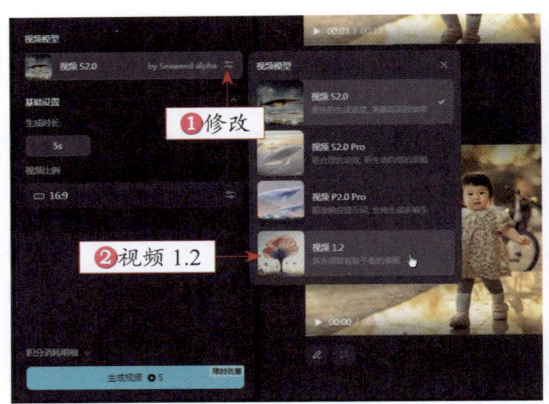
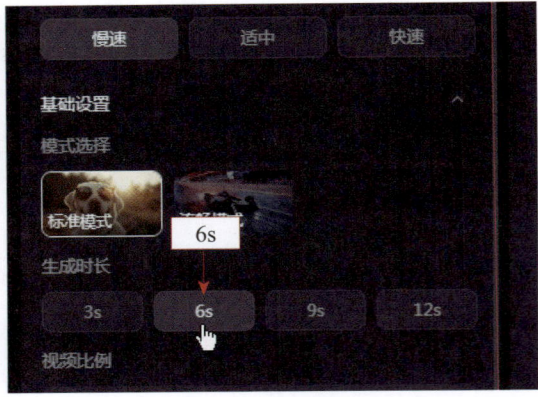

图 0-9 选择"视频 1.2"选项　　　　　　图 0-10 选择 6s 选项

STEP 05 单击"生成视频"按钮，即可让 AI 根据提示词和设置的参数，生成一个视频，单击视频右上角的下载按钮，如图 0-11 所示，即可将视频效果下载到本地文件夹中。

图 0-11 单击下载按钮

> **专家指点**
>
> 　　需要注意的是，在即梦 AI 中生成的视频是无声的，用户可以借助即梦 AI 的"AI 配乐"功能，或者其他视频剪辑软件（如剪映），为视频添加合适的背景音乐。

内容生成篇

第 1 章
AIGC 短视频脚本创作基础

脚本文案之于短视频制作,如同设计草图之于房屋建筑,都起着至关重要的作用。本章主要介绍 AIGC 短视频脚本文案的基础创作知识,帮助用户快速掌握 AIGC 脚本文案的创作方法。

1.1 短视频脚本的 3 个基础知识

AIGC（Artificial Intelligence Generated Content，人工智能生成的内容）短视频是指利用人工智能技术辅助生成的视频效果。AI 通过使用深度学习、计算机视觉和自然语言处理等技术可以实现一系列功能，包括智能视频剪辑、自动字幕生成、场景识别、视频特效和风格迁移等。

运用 AI 生成短视频可以提高视频的制作效率，降低制作成本，并增强效果的艺术性和个性，为视频制作领域带来许多新的机会和可能性。不过，AIGC 短视频的生成并不是完全自动的，在生成短视频的过程中仍需要人类的参与和指导。

例如，在运用文本生成视频的过程中，AI 需要用户提供脚本文案才能进行内容分析和素材匹配。因此，脚本文案是短视频的基础和灵魂，对于剧情的发展与走向起决定性作用，为了获得满意的视频效果，用户需要掌握短视频脚本的相关知识。

1.1.1 提前统筹脚本中的事项

脚本是用户拍摄和剪辑短视频的主要依据，能够提前统筹安排好短视频拍摄过程中的所有事项，如什么时候拍、用什么设备拍、拍什么背景、拍谁及怎么拍等。表 1-1 所示为一个简单的短视频脚本模板。

表 1-1 一个简单的短视频脚本模板

镜号	景别	运镜	画面	设备	备注
1	远景	固定镜头	在天桥上俯拍城市中的车流	手机广角镜头	延时摄影
2	全景	跟随运镜	拍摄主角从天桥上走过的画面	手持稳定器	慢镜头
3	近景	上升运镜	从人物手部拍到头部	手持拍摄	
4	特写	固定镜头	人物脸上露出开心的表情	三脚架	
5	中景	跟随运镜	拍摄人物走下天桥楼梯的画面	手持稳定器	
6	全景	固定镜头	拍摄人物与朋友见面问候的场景	三脚架	
7	近景	固定镜头	拍摄两人手牵手的温馨画面	三脚架	后期背景虚化
8	远景	固定镜头	拍摄两人走向街道远处的画面	三脚架	欢快的背景音乐

在创作一个短视频的过程中，所有参与前期拍摄和后期剪辑的人员都需要遵从脚本的安排，包括摄影师、演员、道具师、化妆师、剪辑师等。如果短视频没有脚本，很容易出现各种问题，比如拍到一半发现场景不合适，或者道具没有准备好，或者演员少了，又需要花费大量时间和资金去重新安排和做准备。这样不仅会浪费时间和金钱，而且也很难制作出想要的短视频效果。

1.1.2 使用脚本提高效率和质量

短视频脚本主要用于指导所有参与短视频创作的工作人员的行为和动作，从而提高工作效率，并保证短视频的质量，如图1-1所示。

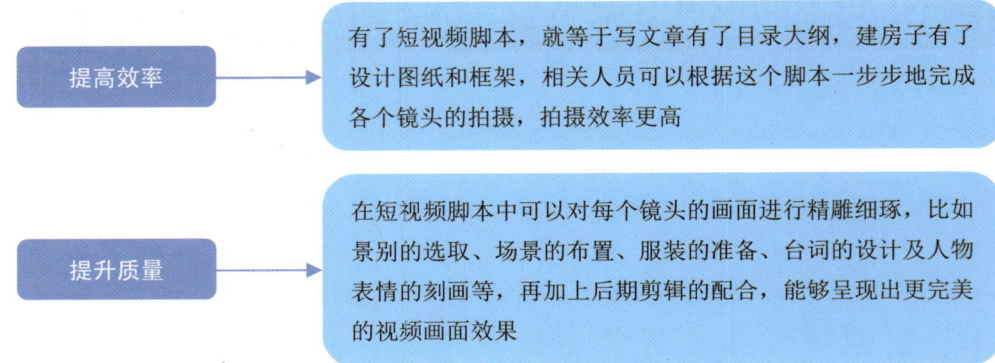

图1-1 使用脚本提高效率、提升质量

1.1.3 了解3种短视频脚本类型

短视频的时间虽然很短，但只要用户足够用心，就能精心设计短视频的脚本和每一个镜头画面，让短视频的内容更加优质，从而获得更多上热门的机会。短视频脚本一般分为分镜头脚本、拍摄提纲和文学脚本3种，如图1-2所示。

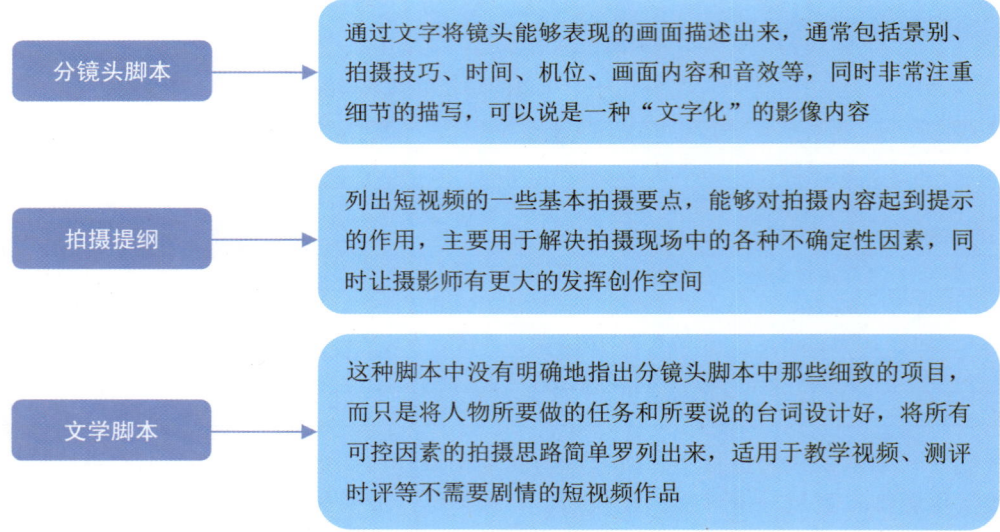

图1-2 短视频的脚本类型

总结一下，分镜头脚本适用于剧情类的短视频内容，拍摄提纲适用于访谈类或资讯类的短视频内容，文学脚本则适用于没有剧情的短视频内容。

1.2 AIGC 创作的 4 个基础要点

了解了脚本文案的基础知识后，用户就可以去准备相应的脚本文案了。但是，对于刚开始接触短视频制作的用户而言，创作脚本文案并不是一件轻松的事，此时用户可以借助 AI 来完成这项工作。本节主要介绍 AIGC 创作的 4 个要点，帮助大家熟悉 AIGC 文案创作的基础知识，为后面的学习奠定良好的基础。

1.2.1 什么是 AIGC 脚本文案

什么是 AIGC 脚本文案？AIGC 脚本文案是指利用人工智能技术自动生成的文案，这些文案可以根据用户的需求和场景进行定制，以实现广告、营销、社交媒体、新闻、故事或其他任何类型的文案的快速、准确、多样的生成。

AIGC 脚本文案的核心技术基于人工智能和自然语言处理的深度学习模型，可以理解用户的输入，分析文案的目标、风格、语气、结构等要素，然后根据海量的文本数据和行业知识，生成符合用户期望的文案内容。

通过使用 AIGC 脚本文案，可以帮助用户节省时间和精力，提高工作效率和创意水平。在企业中，一个好的文案可以让产品得到更好的营销和宣传，让消费者记住它。但文案创作需要用户具备丰富的写作技巧和经验，对许多产品和服务来说具有一定的难度，这时 AI 文案工具就能够帮助人们解决这一系列难题。图 1-3 所示为用户在 ChatGPT（OpenAI 开发的语言模型）中输入"如何生成一份产品推广脚本文案？"后所生成的部分文案内容。

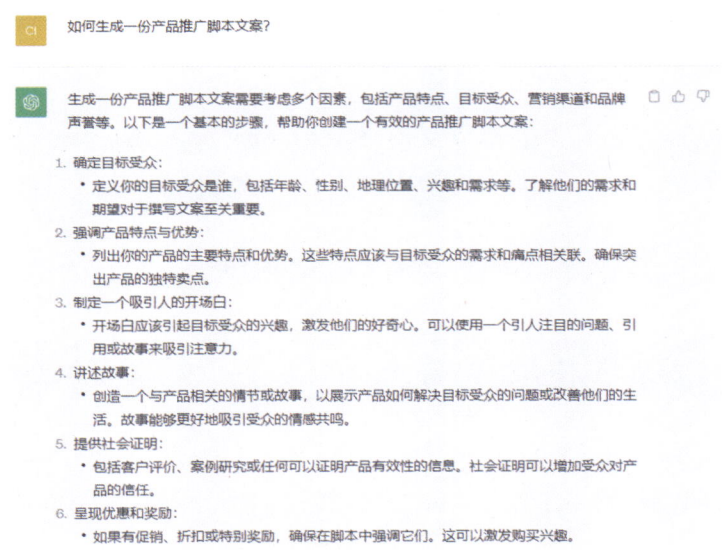

图 1-3 AI 生成的文案（部分内容）

1.2.2 AIGC 文案的发展历程

随着人工智能技术的不断发展，AIGC 文案的自动生成技术也在不断演进。从最初的简单模板填充到现在的深度学习模型，AIGC 文案的自动生成技术已经实现了从语法、句法到语义的全面覆盖。AIGC 文案的发展历程可以追溯到 20 世纪 50 年代，以下是一些重要的里程碑，如图 1-4 所示。

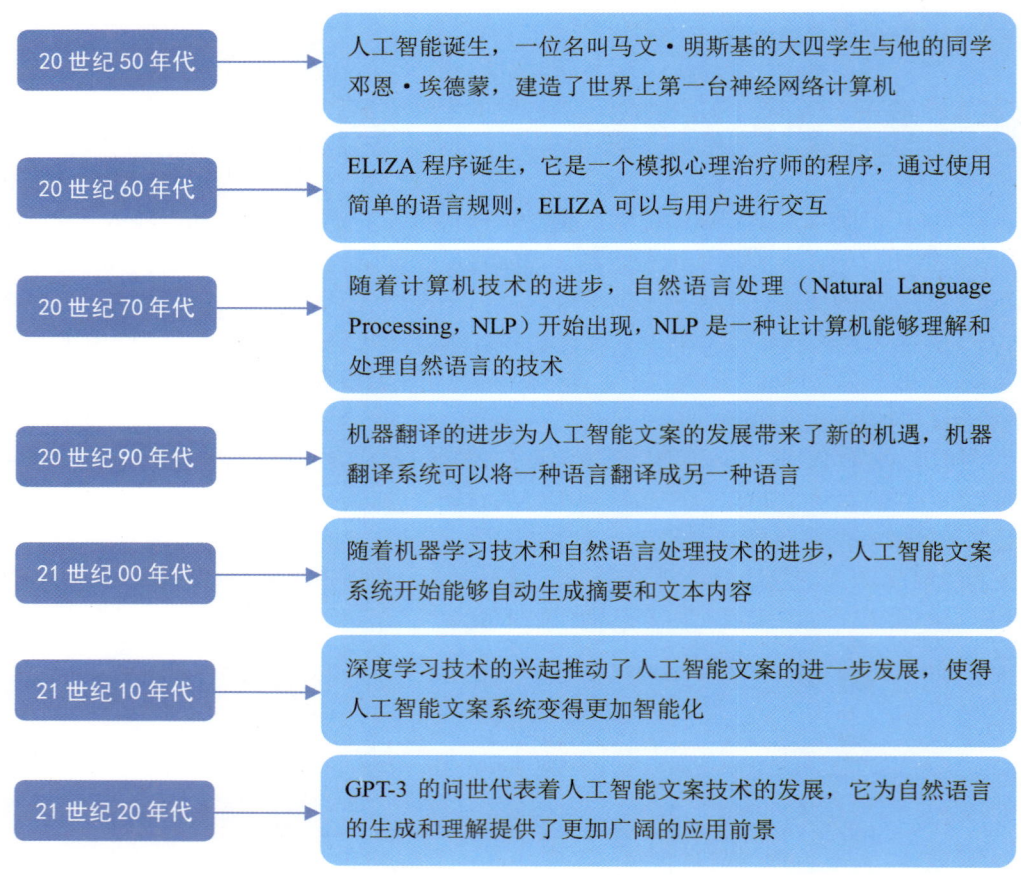

图 1-4 AIGC 文案的发展历程

1.2.3 AIGC 文案的生成过程

AIGC 文案的生成是基于自然语言处理和机器学习技术的，它可以通过大量的文本数据进行学习和训练，逐渐识别和理解人类的语言模式，通过分析用户提供的主题和关键词，进行自动推理，从而生成各种高质量的文章、段落或句子等。

具体来说，AIGC 文案的生成过程通常包括以下几个步骤，如图 1-5 所示。

第 1 章 AIGC 短视频脚本创作基础

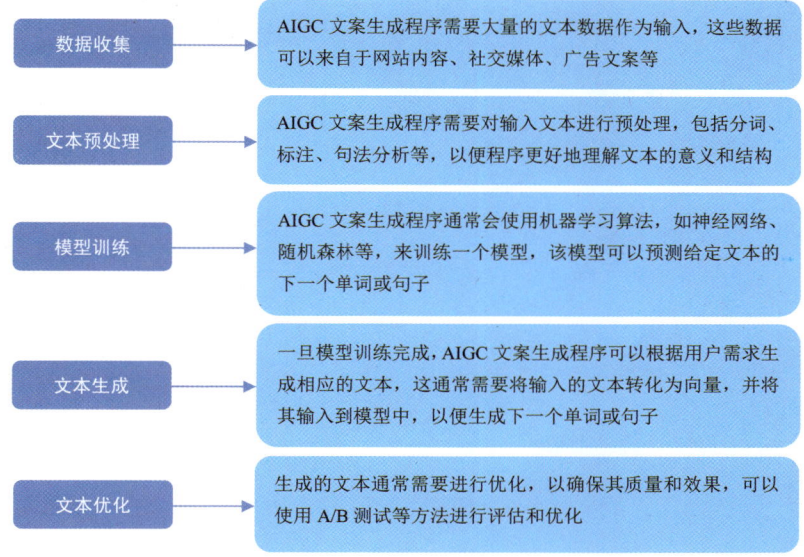

图 1-5 AIGC 文案的生成过程

1.2.4 AIGC 创作的 7 个特点

AIGC 文案是使用自然语言生成技术的一种应用，其目的是通过人工智能写作来解决用户在生活和工作中遇到的文案创作难题，为用户提供高效且省力的文案写作方法。总体来说，AIGC 文案具有以下 7 个特点，如图 1-6 所示。

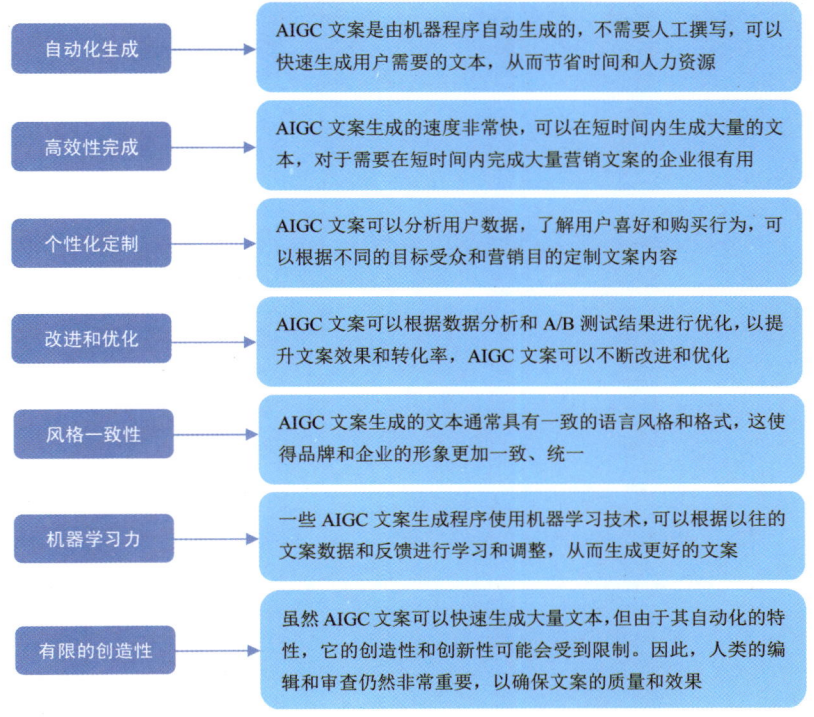

图 1-6 AIGC 文案的特点

15

第 2 章
ChatGPT 文案创作生成攻略

ChatGPT 是一款强大的语言模型，凭借人机交互的系统模式，成为 AIGC 文案生成利器，改变着人们工作的方式。掌握它的使用技巧和文案创作方法，可以让用户不再为文案所困。

2.1 ChatGPT 的 5 种回复技巧

ChatGPT 是一款基于 AI 技术的聊天机器人，它可以模仿人类的语言行为，实现人机之间的自然语言交互。

在 ChatGPT 中，用户每次登录账号后都会默认进入一个新的聊天窗口，而之前建立的聊天窗口则会自动保存在左侧的聊天窗口列表中。在新的聊天窗口中，用户可以使用合适的关键词来获得 ChatGPT 生成的回复。本节将向大家介绍 ChatGPT 的 5 种回复技巧，帮助大家充分发挥这个强大工具的潜力，从而提高工作效率和创造力。

2.1.1 技巧 1：使用常规式问答指令

扫码看视频

【效果展示】：登录 ChatGPT 后，将会打开 ChatGPT 的聊天窗口，即可开始进行常规式的问答对话。用户可以将任何问题或话题作为问答指令，ChatGPT 将尝试回答并提供与指令有关的回复，效果如图 2-1 所示。

图 2-1 效果展示

下面介绍使用常规式问答指令的具体操作方法。

STEP 01 打开 ChatGPT 的聊天窗口，单击底部的输入框，如图 2-2 所示。

STEP 02 输入相应的关键词，例如"简单介绍一下短视频的种类"，单击输入框右侧的发送按钮▶或按【Enter】键，如图 2-3 所示。

STEP 03 稍等片刻，ChatGPT 即可根据发送的指令回复常见的短视频类型，效果如图 2-1 所示。

17

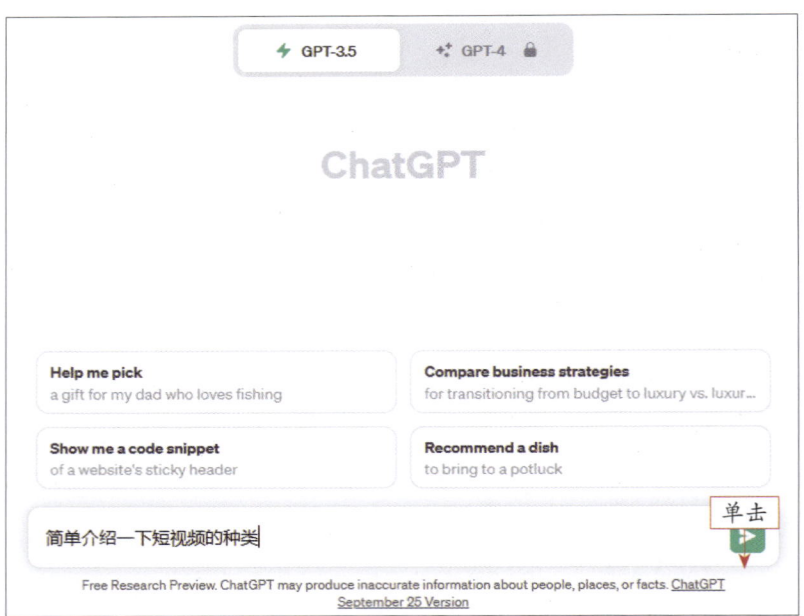

图 2-2 单击底部的输入框

图 2-3 单击相应按钮

2.1.2 技巧2：使用专业性指令模板

【效果展示】：随着 ChatGPT 的应用场景不断扩大，使用人群不断增多，人们对 ChatGPT 生成更加专业性的回复的需求也不断增多。掌握"问题背景＋任务需求＋行业专家模板或方法论"这一指令模板，能够提高使用 ChatGPT 的效率，效果如图 2-4 所示。

第 2 章 ChatGPT 文案创作生成攻略

图 2-4 效果展示

下面介绍使用专业性指令模板的具体操作方法。

STEP 01 向 ChatGPT 发送"你了解《金字塔原理》这本书中的理论吗",ChatGPT 生成的回复如图 2-5 所示,确认 ChatGPT 了解相关的理论知识。

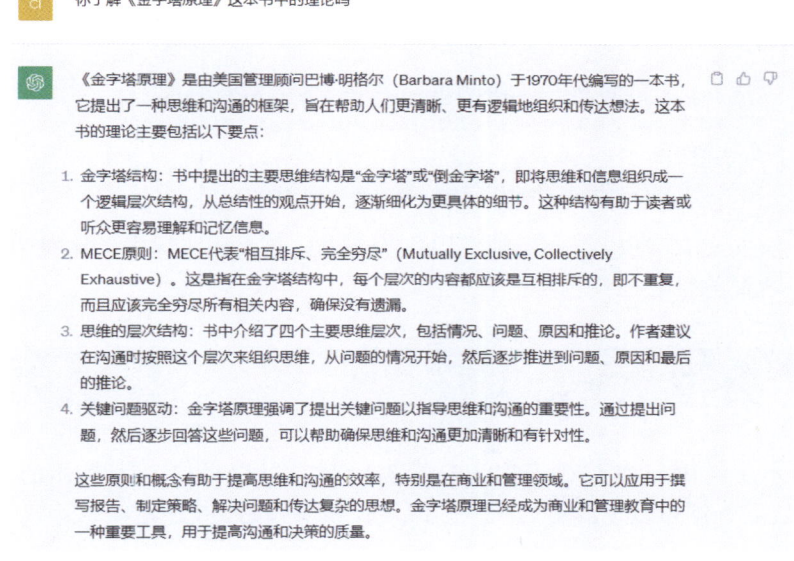

图 2-5 ChatGPT 对书中的理论进行介绍

STEP 02 向 ChatGPT 发送"根据《金字塔原理》书中的理论,生成 5 个关于素颜霜的广告文案",生成的回复效果如图 2-4 所示。可以看出,按照"问题背景 + 任务需求 + 行业专家模板或方法论"这一指令模板向 ChatGPT 进行提问,能够让 ChatGPT 生成更专业的回复。

19

2.1.3 技巧3：使用固定的指令模板

当用户需要指定 ChatGPT 的语言风格和内容属性时，可以套用"你的角色【专业领域】+ 你的能力【成果期待】+ 我希望你【任务需求】"这一固定指令模板，让 ChatGPT 生成自己想要的回复。下面举例介绍这一固定指令的运用方法。

例如，在 ChatGPT 的输入框中输入"你是一个旅游类短视频博主，拥有20万的粉丝数量，经常分享令人神往的旅游风景视频。现在你需要为四川成都拍摄一个旅游宣传短视频，你将从哪些方面进行切入"指令，按【Enter】键发送，即可生成回复，如图2-6所示。

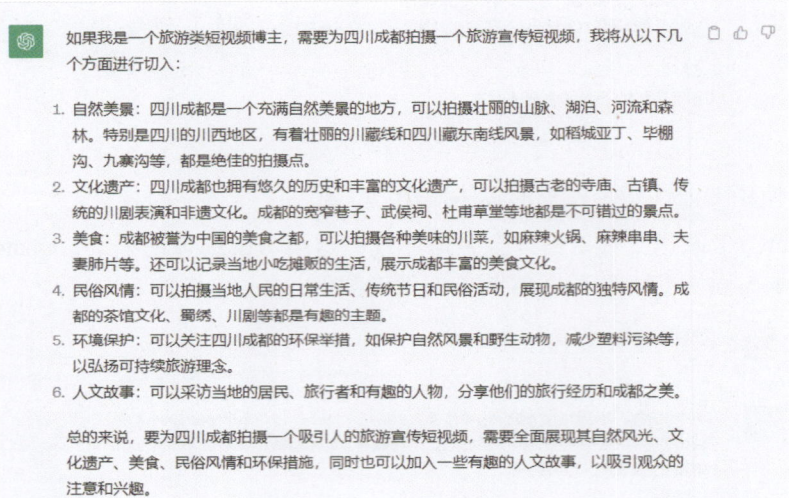

图 2-6 使用固定的指令模板生成的回复

可以看出，ChatGPT 通过指令识别了用户的需求，并为用户提供了比较中肯的建议，这些建议或多或少都会对用户有所启发。

2.1.4 技巧4：使用参考示例来提问

【**效果展示**】：用户在对 ChatGPT 进行提问时，可以提供一个具体的参考示例，等 ChatGPT 识别之后，便可以生成更为满意的回复，效果如图2-7所示。

图 2-7 效果展示

下面介绍使用参考示例来提问的具体操作方法。

STEP 01 向 ChatGPT 发送"'秋天来了，微风轻轻地拂过，金黄的树叶纷纷飘落，太阳慢慢西斜，天边泛起了橙红的晚霞，宛如一幅壮丽的画卷展开在眼前。'是描述秋天的画面，请根据这类写法描述一下冬天"，ChatGPT 生成的回复如图 2-7 所示。

STEP 02 除了让 ChatGPT 根据示例进行仿写，用户还可以让 ChatGPT 对提供的示例进行修改，例如输入"请针对我的短视频片头文案，提供更有画面感和诗意的修改建议。以下是短视频的片头文案：春日终于到来，大地苏醒了。山峦间，鲜嫩的嫩绿浸染着山川大地，阳光温暖而明媚，鸟儿们高歌飞舞，花朵竞相开放。春日，是大地的重生，是生命的盛宴，让人陶醉在这充满希望和活力的季节中"，ChatGPT 生成的回复如图 2-8 所示。可以看出，ChatGPT 根据要求对提供的文案示例进行了修改。

图 2-8 ChatGPT 对片头文案进行修改后生成的回复

2.1.5 技巧5：模仿指定的语言风格

【效果展示】：当用户不知道如何拟写指令才能够获得满意的回复时，可以让 ChatGPT 模仿语言风格，从用户自身出发，包括自己喜欢的影视人物、动漫人物、作家等语言风格，都可以要求 ChatGPT 进行模仿，效果如图 2-9 所示。但是，用户需要先确认 ChatGPT 对要模仿的对象有一定的了解，否则容易出现模仿失败的情况。

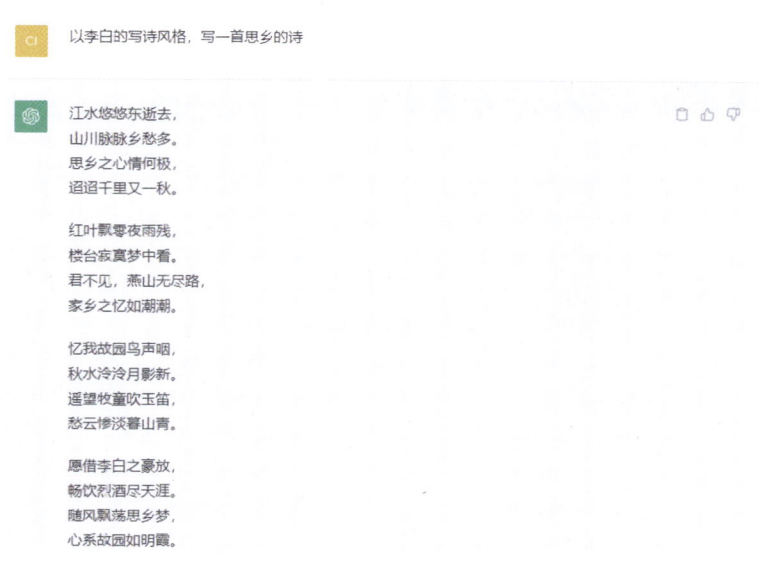

图 2-9 效果展示

下面介绍模仿指定的语言风格进行回复的具体操作方法。

STEP 01 向 ChatGPT 发送"你了解李白的写诗风格吗",ChatGPT 生成的回复如图 2-10 所示,由此来确认 ChatGPT 对李白写诗风格的了解程度。

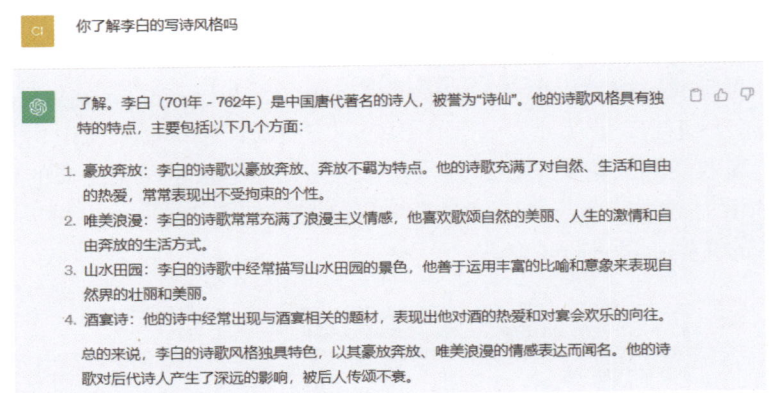

图 2-10 确认 ChatGPT 对李白写诗风格的了解程度

STEP 02 向 ChatGPT 发送"以李白的写诗风格,写一首思乡的诗",ChatGPT 即可模仿李白的风格生成诗句,效果如图 2-9 所示。

2.2 从 4 个方面创作脚本文案

掌握了 ChatGPT 的 5 种回复技巧后,接下来用户就可以利用 ChatGPT 生成创意丰富的短视频脚本文案,从而创作出吸引人的短视频内容。本节将从 4 个方面介绍创作脚本文案的方法,让大家在创作时更加轻松。

2.2.1 策划主题:吸引观众的注意力

【效果展示】:制作短视频的目的是为了吸引观众的注意力,传达信息和情感,因此用户首先要策划一个好的主题。用户可以在 ChatGPT 中通过输入相关主题、情节、角色、对话等信息,来启发 ChatGPT 生成创意丰富的短视频脚本。这样,用户就能够更快地创作出吸引人的短视频内容,提高短视频的质量和观众的参与度。ChatGPT 生成的主题效果如图 2-11 所示。

第 2 章 ChatGPT 文案创作生成攻略

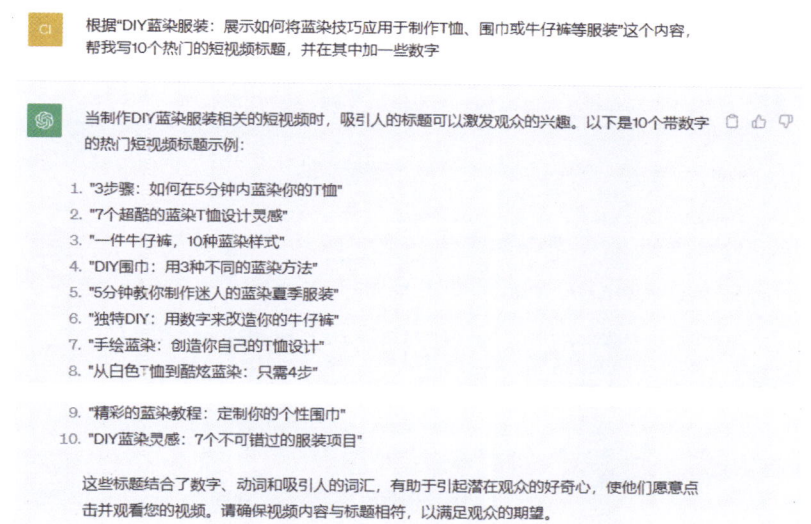

图 2-11 效果展示

下面介绍用 ChatGPT 策划主题的具体操作方法。

STEP 01 向 ChatGPT 发送"帮我推荐 10 个热门短视频话题",ChatGPT 生成的回复如图 2-12 所示。

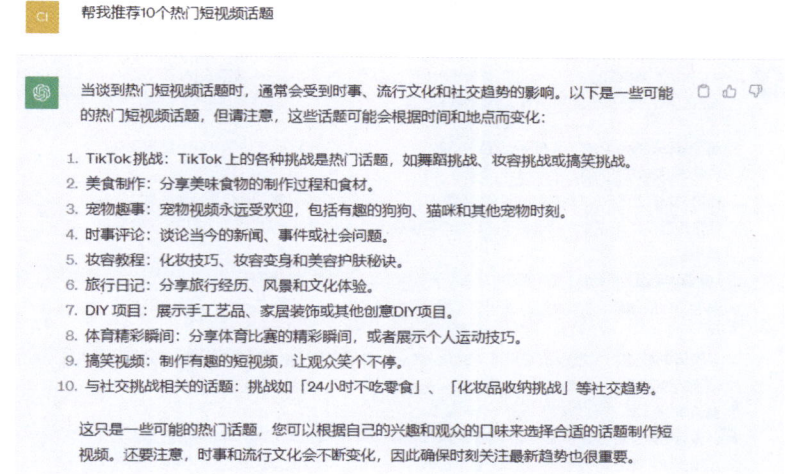

图 2-12 推荐 10 个热门短视频话题

STEP 02 有了话题后,就可以让 ChatGPT 在某个大的类目下列出一些子主题,为用户提供更多的视频主题参考。例如在 ChatGPT 的输入框中输入"关于 # 手工艺品,给我 10 个子主题建议",按【Enter】键发送,ChatGPT 生成的回复如图 2-13 所示。

23

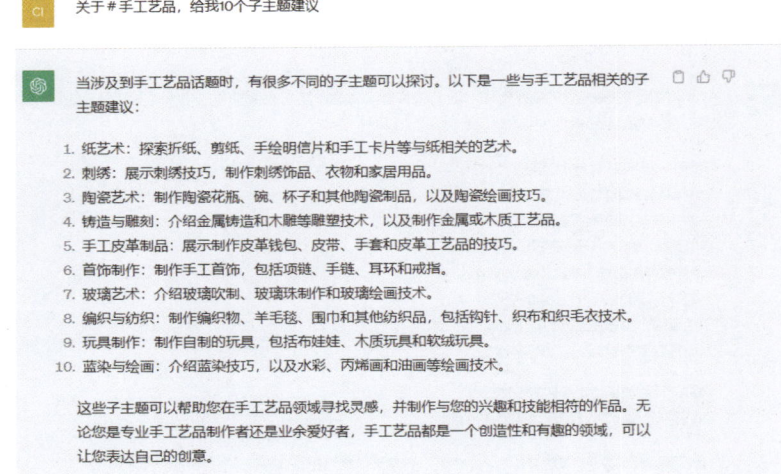

图 2-13 列出子主题建议

STEP 03 有了合适的子主题后，用户就可以让 ChatGPT 构思视频创意，输入"关于手工艺品中的蓝染，介绍蓝染技巧，要作为分享人来说，不需要很强的营销口吻，帮我再想 10 个视频创意的想法建议"，ChatGPT 生成的回复如图 2-14 所示。

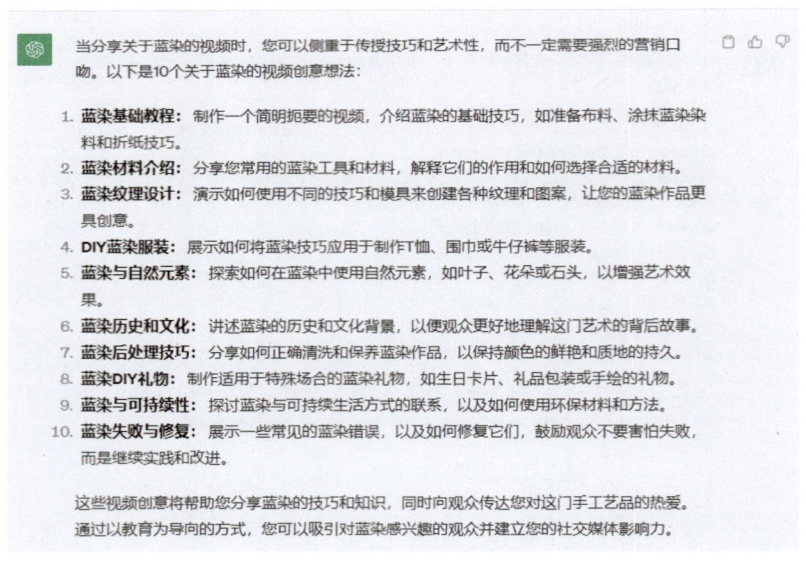

图 2-14 生成视频创意的想法建议

STEP 04 有了视频创意后，用户就可以进行脚本文案的生成了。另外，用户可以根据视频创意让 ChatGPT 拟写视频标题，还可以试着让 ChatGPT 加入一些数字，这样更有说服力。输入"根据'DIY 蓝染服装：展示如何将蓝染技巧应用于制作 T 恤、围巾或牛仔裤等服装'这个内容，帮我写 10 个热门的短视频标题，并在其中加一些数字"，ChatGPT 生成的回复效果如图 2-11 所示。

2.2.2 创作内容：生成创意短视频脚本

【**效果展示**】：有了短视频主题后，用户即可让 ChatGPT 根据这个主题去生成详细的、具有创意的脚本内容，效果如图 2-15 所示。

> 请详细展开叙述一下
>
> 当你准备制作这个抖音短视频时，首先要考虑如何以引人入胜的方式吸引观众，使他们对你的DIY围巾项目产生浓厚的兴趣。以下是一个详细的脚本展开，包括每个部分的具体内容和互动方式。
>
> (镜头1：打开画面，展示明亮的工作室背景，装有各种蓝色织物和工具的装置)
>
> 分享人：嘿，大家好！欢迎来到我的抖音频道！今天我真的超级兴奋，因为我要跟你们分享一个DIY项目，这个项目会让你们惊艳自己。你们猜对了，今天我们要制作围巾！
>
> (镜头2：分享人微笑着，身后是摆放了各种蓝色织物和染料的工作台)
>
> 分享人：是的，围巾是如此的美妙和实用。但你们曾经想过，如果你自己动手制作一个围巾，让它成为你独一无二的作品呢？别担心，因为今天我将向你展示如何用三种不同的蓝染方法来制作你自己的围巾。真是太酷了！
>
> (镜头3：分享人手持三个不同的蓝色染料瓶，把它们展示给观众看)
>
> 分享人：第一种方法，我们将使用这个经典蓝色染料。它简单易懂，无需任何专业技能，但效果一流。
>
> (镜头4：分享人展示了制作过程的几个步骤，包括搅拌染料，浸泡织物，然后晾干)
>
> 分享人：看，效果真是美妙！你只需几个简单的步骤，就可以制作出如此漂亮的围巾。这不仅是一个创造，还是一个表达你个性的机会！
>
> (镜头5：分享人的手展示染料，染料瓶上的标签，以及染色过程的特写)
>
> 分享人：现在，让我来告诉你们第二种方法。这将让你的围巾变得梦幻。
>
> (镜头6：分享人展示了另一种染料，以及准备用的折纸和织物)
>
> 分享人：对的，我们将使用折纸和这个令人兴奋的染料来创造华丽的图案。这是绝对值得尝试的！不过，记住要小心折纸，因为它会影响最终的效果。
>
> (镜头7：分享人展示了折纸、染料和织物相互配合的过程，制作出了一个独特的围巾)
>
> 分享人：哇，看这个！这是我们的梦幻围巾，它有如此美丽的纹理和颜色渐变。你可以在家轻松制作出这个独特的设计！
>
> (镜头8：分享人带着惊喜的表情展示第三种染料)
>
> 分享人：最后，最后，我们有这个惊人的渐变染料！这将为你的围巾带来柔和而美丽的渐变色彩。
>
> (镜头9：分享人展示了染料的混合和应用，然后展示最终的渐变围巾)
>
> 分享人：这真是太神奇了，不是吗？这个渐变围巾看起来是不是令人陶醉？你可以在这里发挥自己的创意，选择任何一种方法，或者将它们组合起来，制作出属于你自己的独特围巾。真的很有趣！
>
> (镜头10：分享人微笑着向镜头挥手，视频结束)
>
> 分享人：感谢大家的观看，如果你们喜欢这个视频，请点赞、分享、还有订阅我的频道，因为还有更多创意DIY等着你！我们下次再见，大家拜拜！😊

图 2-15 效果展示

下面介绍用 ChatGPT 创作脚本内容的具体操作方法。

STEP 01 向 ChatGPT 发送"根据'DIY 围巾：用 3 种不同的蓝染方法'这个标题，写一个抖音短视频脚本。要求：用分享人口吻，语气要惊喜、轻松，内容要符合平台规则，不要用极限词"，ChatGPT 生成的回复如图 2-16 所示。

图 2-16 ChatGPT 生成的回复

STEP 02 输入"请详细展开叙述一下"，ChatGPT 即可生成脚本文案，效果如图 2-15 所示。

2.2.3 写分镜头：描述视频细节要素

【效果展示】：分镜头脚本文案是用来描述短视频中每一个镜头的内容和细节的文稿，通常包含标题、场景描述、景别、运镜、台词或对白、道具、节奏和节拍等要素。用户在撰写分镜头脚本文案时可以根据具体的需求来安排这些要素，效果如图 2-17 所示。

第 2 章 ChatGPT 文案创作生成攻略

> 你是一名专业的美食博主，正在写一个关于美食探店的脚本，场景发生在一家有百年历史的馄饨店里，脚本中需包括当下短视频热门元素，开篇5s迅速吸引人的眼球，中间有反转，结尾有惊喜，文案侧重于情绪表达。脚本用表格的形式呈现以下内容：分镜序号、景别（中近远特写等镜头）、画面描述、对话台词（包括人物对话时动作、语言、神态等，越详细越好）、背景音乐（给出具体的歌曲名称）

以下是一个美食探店脚本的示例，场景发生在一家有百年历史的馄饨店里，脚本中包括当下短视频热门元素，包括快速吸引人的开篇、反转和结尾惊喜，以及情感表达。在这个示例中，我提供了一些可能的分镜序号、景别、画面描述、对话台词以及背景音乐的建议。

分镜序号	景别	画面描述	对话台词	背景音乐
1	远景	外部馄饨店，夜晚，霓虹灯亮起，吸引人的招牌。	（无对话）	轻快的城市音乐
2	特写	精美的馄饨被热气腾腾地端上桌，面条滚烫。	（无对话）	清脆的炸饺声
3	近景	餐桌上的人享受美食，表情愉悦，拍手称赞。	顾客A："哇，这简直太好吃了！"	轻松的吃饭声
4	特写	厨师的手艺，熟练擀面、包馄饨，快速而娴熟。	（无对话）	厨房的烹饪声
5	中景	摄影师用手机拍摄馄饨，注意到墙上的有趣画作。	摄影师："哇，这里不仅有好吃的，还有独特的艺术！"	轻快的摄影音乐
6	特写	摄影师继续拍摄，突然注意到画作中有隐含信息。	（无对话）	悬念的音乐效果
7	特写	摄影师对比画作和馄饨，发现了反转：画作揭示了食谱。	摄影师："哇，这是秘密食谱吗？"	惊奇的音效
8	特写	店主微笑着递给摄影师一份食谱，示意这是他们的特权。	店主："对的，这是我们百年的秘密食谱，只分享给真正的美食爱好者。"	欢快的音乐
9	远景	馄饨店外的招牌，一名顾客匆匆走过。	顾客B："听说这里有特别的馄饨，我也想尝一尝！"	快节奏的城市音乐

请注意，这只是一个示例脚本，您可以根据您的实际需求和创意进一步修改和发展。背景音乐和对话台词中的具体歌曲名称可以根据您的选择进行调整。此脚本强调了美食、发现、情感表达和互动的要素，以吸引观众的兴趣。

图 2-17 效果展示

下面介绍用 ChatGPT 生成分镜头脚本的具体操作方法。

STEP 01 向 ChatGPT 发送"分镜头脚本文案是什么"，ChatGPT 生成的回复如图 2-18 所示，确认 ChatGPT 是否了解分镜头脚本文案。

STEP 02 为 ChatGPT 设定身份，让其根据身份属性完成任务。例如，输入"你是一名专业的美食博主，正在写一个关于美食探店的脚本，场景发生在一家有百年历史的馄饨店里，脚本中需包括当下短视频热门元素，开篇 5s 迅速吸引人的眼球，中间有反转，结尾有惊喜，文案侧重于情绪表达。脚本用表格的形式呈现以下内容：分镜序号、景别（中近远特写等镜头）、画面描述、对话台词（包括人物对话时动作、语言、神态等，越详细越好）、背景音乐（给出具体的歌曲名称）"，生成的分镜头脚本文案如图 2-17 所示。

由此可以看出，ChatGPT 生成的分镜头脚本文案要素都很齐全，也满足了我们提出的各项要求，但是其对短视频整体内容的意蕴和深度把握得还不够，而且对短视频热门元素了解得不多，因此这个分镜头脚本文案仅起到一定的参考作用，具体运用时还需结合用户的实战经验和短视频文案的类型。

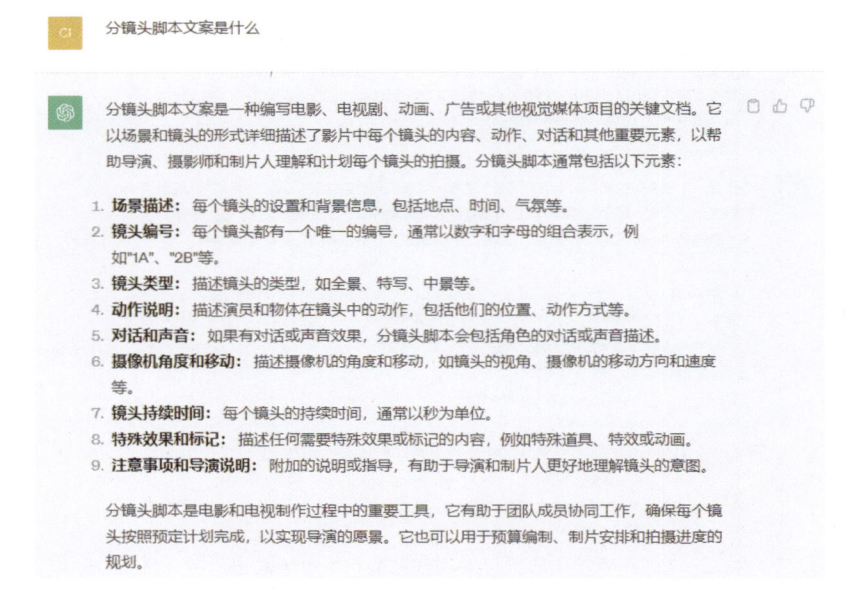

图 2-18 ChatGPT 生成的回复

2.2.4 生成标题：概括视频主题内容

【效果展示】：除了策划主题和生成脚本，ChatGPT 还可以用来生成短视频标题。短视频标题是对短视频主题内容的概括，能够起到突出视频主题、吸引受众观看视频的作用。短视频标题通常会与 tag 标签一起在短视频平台中呈现，如图 2-19 所示。

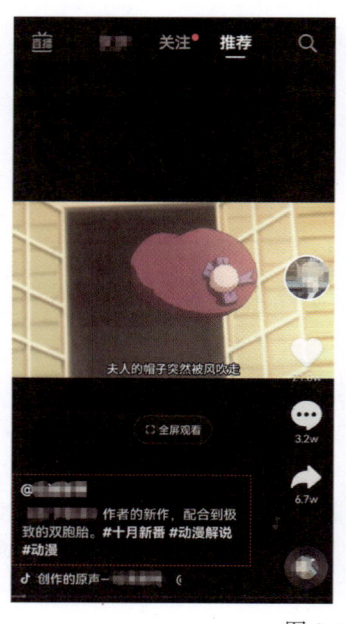

图 2-19 效果展示

因此，用户在运用 ChatGPT 生成短视频标题文案时，需要在关键词中提到连同 tag 标签

第 2 章 ChatGPT 文案创作生成攻略

一起生成。下面介绍运用 ChatGPT 生成短视频标题文案的具体操作方法。

STEP 01 直接向 ChatGPT 发送需求，例如"提供一个主题为好物分享的短视频标题文案，并添加 tag 标签"，按【Enter】键发送，ChatGPT 即可按照要求提供中规中矩的文案参考，如图 2-20 所示。

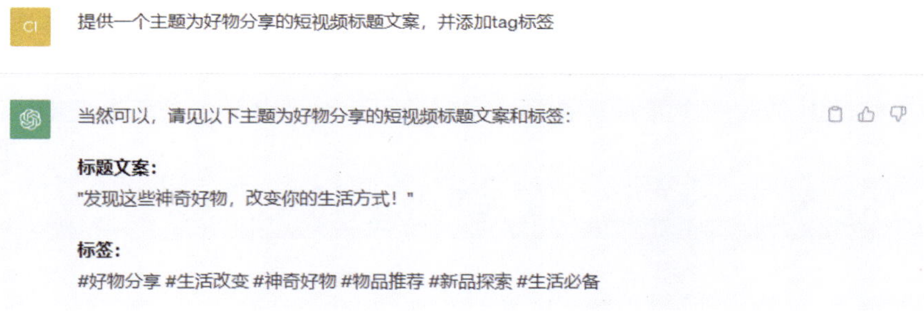

图 2-20 ChatGPT 生成的短视频标题文案

STEP 02 对 ChatGPT 生成的标题文案提出修改要求，向 ChatGPT 发送"短视频标题文案的要求：1、突出受众痛点；2、能够快速吸引人眼球，并使受众产生观看视频内容的兴趣。根据要求重新提供标题文案"，生成的回复如图 2-21 所示。

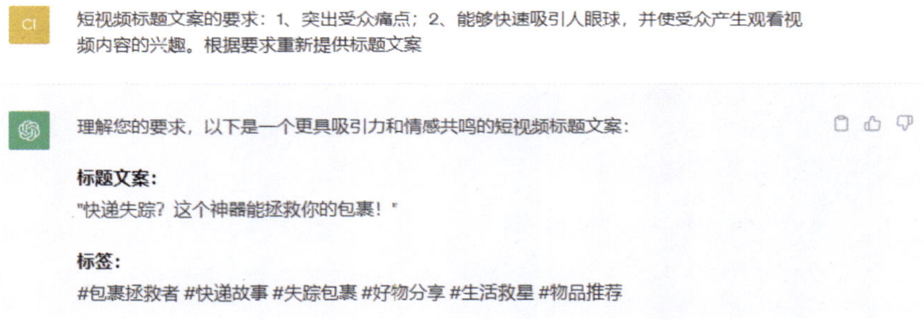

图 2-21 ChatGPT 生成修改后的短视频标题文案

STEP 03 对 ChatGPT 生成的标题文案提出修改要求，在输入框中输入"抖音上的短视频标题文案通常是'如果只能给你们推荐一本书，那么我会推荐这本''这本书可以帮你找到成长的回复''钝感是种能力，需要刻意练习（引用书中的话）'等语言风格。请按照抖音上的文案写法，重新提供一个标题文案"，按【Enter】键发送，ChatGPT 即可生成更加优质的短视频标题文案，如图 2-22 所示。

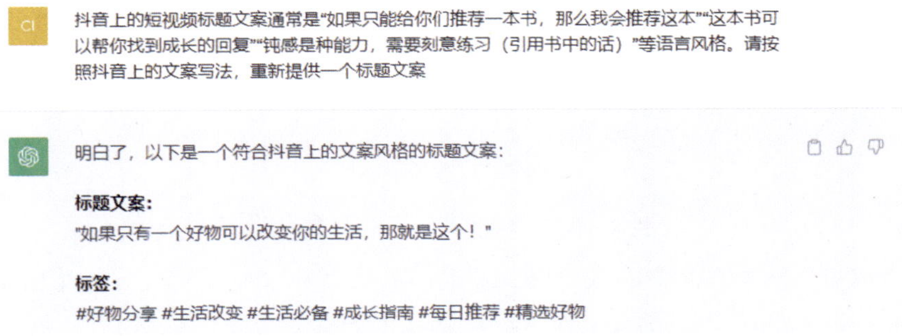

图 2-22 ChatGPT 生成更加优质的短视频标题文案

29

2.3 生成 5 类视频文案

短视频文案因其表达内容和写作手法的不同，表现为不同的类型，例如互动体验类视频文案、情节叙事类视频文案、干货分享类视频文案、影视解说类视频文案和电商广告类视频方案等。用户在运用 ChatGPT 生成短视频文案时，可以结合其类型来撰写关键词。

2.3.1 互动体验类：激发受众参与

【效果展示】：互动体验类视频文案是指在视频中用于描述、引导和激发受众参与互动的文字内容。其最主要的目的是吸引受众的注意力，并引导受众积极参与视频中的活动。运用 ChatGPT 生成互动体验类视频文案，需要用户输入具体的需求和恰当的关键词，效果如图 2-23 所示。

图 2-23 效果展示

下面介绍用 ChatGPT 生成互动体验类视频文案的具体操作方法。

STEP 01 在 ChatGPT 的输入框中输入"提供互动体验类视频文案示例"，按【Enter】键发送，ChatGPT 生成的回复如图 2-24 所示，确认 ChatGPT 是否了解互动体验类视频文案。可以看出，ChatGPT 给出了能够引导受众参与互动的文案。

第 2 章 ChatGPT 文案创作生成攻略

> C1 提供互动体验类视频文案示例

> 当提供互动体验类视频文案时，可以考虑以下示例，这些文案可以用于社交媒体、YouTube 视频描述、直播节目介绍等等。这些文案旨在吸引观众参与并与视频内容互动：
>
> 1. 心理测试互动：
>   - "你的内心隐藏了什么秘密？快来参与我们的心理测试，揭开自己内心的神秘面纱！在评论中分享你的测试结果。"
> 2. 评论互动挑战：
>   - "今天我们要给评论区的最佳评论者颁发一份特别奖励！写下你最有创意的评论，赢得我们的心动好礼！"
> 3. 决策互动：
>   - "我们面临一个巨大的抉择！应该选择A还是B？留下你的选择，我们将在下一个视频中公布结果。"
> 4. 挑战接力：
>   - "挑战接力来了！我们向 @用户1 挑战，看看他们能否完成这个任务。如果成功，他们可以挑选下一个受挑战者。跟进挑战的过程，看看谁会胜出吧！"
> 5. 即时投票：
>   - "我们需要你的帮助来决定下一个视频的主题。在评论中投票，选择你最想看的内容！"
> 6. 快问快答：
>   - "有什么问题想问我们吗？在评论中提出问题，我们会在下一个视频中回答一些最有趣的问题。"
> 7. 抽奖活动：
>   - "想赢取我们的精美礼物吗？订阅我们的频道，点赞本视频，然后在评论中留下"我想赢！"来参加抽奖活动。"
> 8. 投稿挑战：
>   - "这个星期的挑战是什么？向我们提交你的作品，并在下个视频中展示你的创意。最佳作品将获得特别奖励！"
> 9. 回忆互动：
>   - "我们想听听你们的回忆！在评论中分享一个你永远难以忘怀的瞬间，我们会挑选一些来分享在下一个视频中。"
> 10. 故事互动：
>   - "今天我们要一起编写一个故事！每个人都可以在评论中添加一个句子，我们将合并它们，创造一个独一无二的故事。"
>
> 这些文案可以帮助增加观众互动和参与感，使你的视频更吸引人。当然，要根据你的视频内容和受众来调整文案以获得最佳效果。

图 2-24 ChatGPT 生成的互动体验类视频文案示例

STEP 02 在 ChatGPT 的输入框中输入具体需求，例如输入"用互动体验类视频文案的写法，为主题是宣传新开业的手工刺绣店铺，提供一篇完整的视频文案，字数在 150 ~ 300 字"，生成的回复如图 2-23 所示。

用户在获得 ChatGPT 给出的文案后，还可以对文案的语言风格、内容结构等进行优化调整，并引导 ChatGPT 生成与视频主题相契合的脚本文案。

2.3.2 情节叙事类：引起受众共鸣

情节叙事类视频文案是指以讲故事的形式来描述视频内容的文字。这类文案通常协助镜头语言呈现出现实生活或反衬、映射现实生活，以讲故事的方式引人入胜。

情节叙事类视频文案的题材内容包括但不限于亲情、爱情、友情等关乎人类情感的故事。现今，在各大短视频平台中，最为热门的情节叙事类视频文案是创作者虚构一个爱情故事，将其作为视频脚本，用镜头的方式呈现出来。

【效果展示】：用户运用 ChatGPT 生成情节叙事类短视频文案时，也可以先让 ChatGPT 虚构一个故事，然后再让 ChatGPT 将故事改成视频脚本。ChatGPT 生成的情节叙事类视频脚本效果如图 2-25 所示。

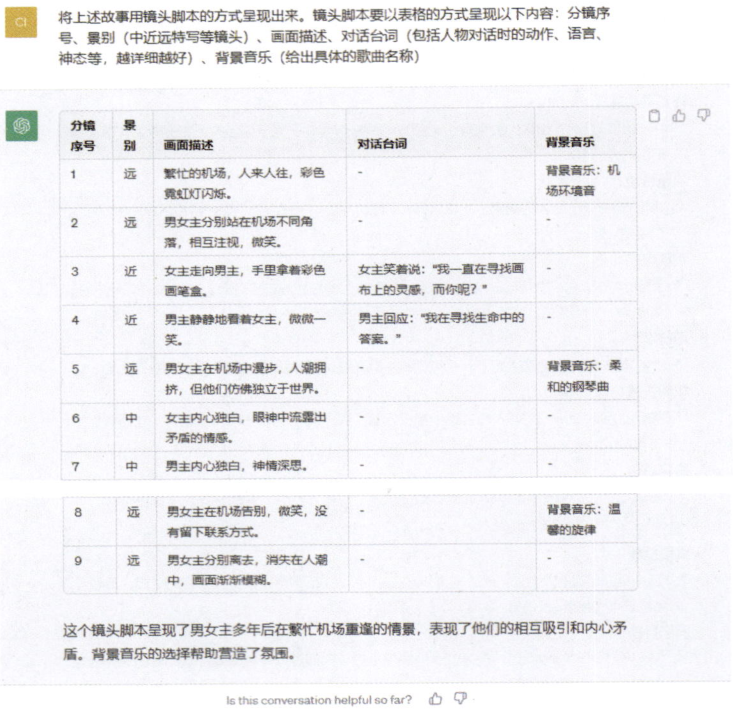
将上述故事用镜头脚本的方式呈现出来。镜头脚本要以表格的方式呈现以下内容：分镜序号、景别（中近远特写等镜头）、画面描述、对话台词（包括人物对话时的动作、语言、神态等，越详细越好）、背景音乐（给出具体的歌曲名称）

分镜序号	景别	画面描述	对话台词	背景音乐
1	远	繁忙的机场，人来人往，彩色霓虹灯闪烁。	-	背景音乐：机场环境音
2	远	男女主分别站在机场不同角落，相互注视，微笑。	-	-
3	近	女主走向男主，手里拿着彩色画笔盒。	女主笑着说："我一直在寻找画布上的灵感，而你呢？"	-
4	近	男主静静地看着女主，微微一笑。	男主回应："我在寻找生命中的答案。"	-
5	远	男女主在机场中漫步，人潮拥挤，但他们仿佛独立于世界。	-	背景音乐：柔和的钢琴曲
6	中	女主内心独白，眼神中流露出矛盾的情感。	-	-
7	中	男主内心独白，神情深思。	-	-
8	远	男女主在机场告别，微笑，没有留下联系方式。	-	背景音乐：温馨的旋律
9	远	男女主分别离去，消失在人潮中，画面渐渐模糊。	-	-

这个镜头脚本呈现了男女主多年后在繁忙机场重逢的情景，表现了他们的相互吸引和内心矛盾。背景音乐的选择帮助营造了氛围。

Is this conversation helpful so far?

图 2-25 效果展示

下面介绍用 ChatGPT 生成情节叙事类视频文案的具体操作方法。

STEP 01 让 ChatGPT 虚构一个故事，例如在输入框中输入"提供一个关于男女主分别多年后重逢的故事，包括比较独特的场景、人物对话和心理独白，字数控制在 200 字以内"，按【Enter】键发送，ChatGPT 生成的回复如图 2-26 所示。

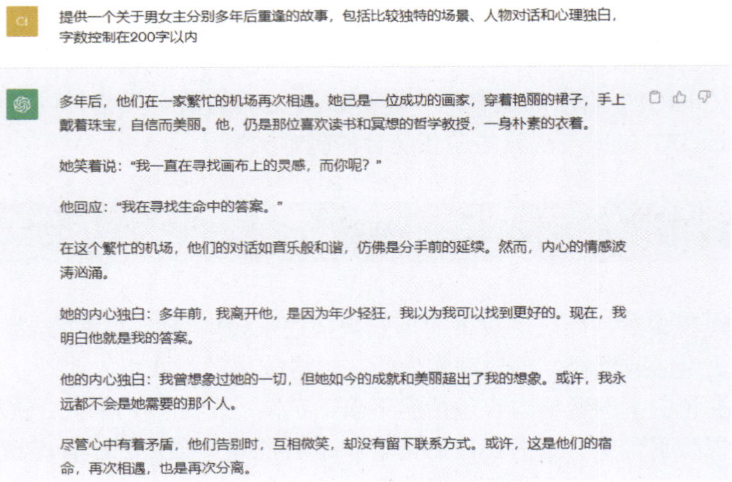
提供一个关于男女主分别多年后重逢的故事，包括比较独特的场景、人物对话和心理独白，字数控制在200字以内

多年后，他们在一家繁忙的机场再次相遇。她已是一位成功的画家，穿着艳丽的裙子，手上戴着珠宝，自信而美丽。他，仍是那位喜欢读书和冥想的哲学教授，一身朴素的衣着。

她笑着说："我一直在寻找画布上的灵感，而你呢？"

他回应："我在寻找生命中的答案。"

在这个繁忙的机场，他们的对话如音乐般和谐，仿佛是分手前的延续。然而，内心的情感波涛汹涌。

她的内心独白：多年前，我离开他，是因为年少轻狂，我以为我可以找到更好的。现在，我明白他就是我的答案。

他的内心独白：我曾想象过她的一切，但她如今的成就和美丽超出了我的想象。或许，我永远都不会是她需要的那个人。

尽管心中有着矛盾，他们告别时，互相微笑，却没有留下联系方式。或许，这是他们的宿命，再次相遇，也是再次分离。

图 2-26 ChatGPT 虚构的故事

STEP 02 让 ChatGPT 将所虚构的故事生成视频脚本，例如在输入框中输入"将上述故事用镜头脚本的方式呈现出来。镜头脚本要以表格的方式呈现以下内容：分镜序号、景别（中近远特写等镜头）、画面描述、对话台词（包括人物对话时的动作、语言、神态等，越详细越好）、背景音乐（给出具体的歌曲名称）"，生成的回复如图 2-25 所示。

ChatGPT 生成脚本时，有时候并不能准确理解景别和把控背景音乐，因此这类脚本只能作为参考，实际使用时还需要用户加以完善。

2.3.3 干货分享类：丰富受众知识

【效果展示】：干货分享类视频文案是指在视频中进行知识分享、实用性技能传授的文字描述，能够帮助受众丰富自己的知识，提高能力或解决问题。这类文案的呈现方式既可以是图文视频，也可以是口播视频，效果如图 2-27 所示。

图 2-27 效果展示

台词4：

（展示形状的绘制）

"使用这些基础线条，你可以绘制各种形状，如圆圈、矩形和椭圆。"

[画面切换到调色板和调色的示范]

台词5：

（展示调色）

"接下来，让我们谈谈调色。选择你喜欢的颜色并掌握它们的混合，以创建新的颜色。"

[视频展示你如何混合颜色，以及如何应用它们到画布上]

台词6：

（展示调色的应用）

"通过混合颜色，你可以创造出丰富多彩的画面。"

[画面切换到阴影和光影的示范]

台词7：

（展示阴影和光影）

"阴影和光影是绘画中的关键元素。了解物体的光照来源，并添加相应的阴影，将使你的作品更生动。"

[视频演示如何添加阴影和高光，以提升画面的立体感]

台词8：

（展示立体感的提升）

"通过正确处理阴影和光影，你可以使你的绘画看起来更立体。"

[画面切换到细节和纹理的示范]

台词9：

（展示细节和纹理）

"最后，细节和纹理也是重要的。通过细致入微的工作，你可以增强作品的质感。"

[视频展示如何添加细节和纹理，如毛发、纹理和细微的特征]

台词10：

（展示质感的增强）

"注意细节和纹理，将使你的绘画更加生动和引人入胜。"

[视频结束：音乐逐渐增强，画面淡出]

台词11：

（结束语）

"感谢你们观看这个入门技巧视频。无论你是刚刚开始绘画还是寻求提高，这些基础技巧都将有助于你的艺术之旅。绘画是一门精彩的艺术，享受这个过程吧！"

[视频结束：你的签名和社交媒体信息显示在屏幕上]

这个视频脚本示例涵盖了一些基础入门绘画技巧，可以帮助观众了解如何开始并提高他们的绘画技能。记住，在实际制作视频时，使用生动的画面示范和清晰的语言表达将有助于观众更好地理解和学习这些技巧。

图 2-27 效果展示（续）

下面介绍用 ChatGPT 生成干货分享类视频文案的具体操作方法。

STEP 01 在 ChatGPT 的输入框中输入"提供完整的口播视频脚本文案示例"，按【Enter】键发送，ChatGPT 生成的回复如图 2-28 所示，确认 ChatGPT 是否了解口播视频脚本文案的写法。

第 2 章 ChatGPT 文案创作生成攻略

> 提供完整的口播视频脚本文案示例

以下是一个口播视频的脚本文案示例，适用于一则产品介绍视频：

[视频开场：音乐渐弱，画面从黑屏中逐渐亮起，展示产品的整体外观]

台词1：
（配合画面展示产品外观）
"欢迎来到我们的全新产品介绍视频！"

[画面逐渐聚焦到产品的特点，比如外观设计、颜色、材质等]

台词2：
（展示产品的特点）
"这款产品经过精心设计，外观精美，采用高质材料制作，提供卓越的品质和耐用性。"

[画面切换到产品的各种功能，如按键、屏幕等]

台词3：
（展示产品的功能）
"不仅如此，它还拥有一系列强大的功能。让我们来看看。"

[视频切换到产品的不同用途场景，如在户外、旅行、日常生活中的使用场景]

台词4：
（展示不同使用场景）
"无论您是在户外冒险、旅行度假，还是日常使用，我们的产品都能满足您的需求。"

[画面切换到用户对产品的使用，展示使用体验]

台词5：
（展示用户使用体验）
"看看这位用户，她是如何轻松地使用我们的产品的！"

[画面显示产品的优势，如性能、速度、效率等]

台词6：
（展示产品优势）
"我们的产品在性能、速度和效率方面一直名列前茅，为您提供无与伦比的体验。"

[画面切换到产品的可定制性，如颜色、配件等]

台词7：
（展示可定制性）
"此外，您可以根据自己的喜好选择不同的颜色和配件，个性化您的产品。"

[展示产品的售价和购买方式]

台词8：
（展示售价和购买方式）
"现在，让我们来谈谈价格。我们提供多种不同配置和价格选项，以满足您的预算。"

[画面切换到在线购买或联系方式]

台词9：
（展示购买方式）
"购买我们的产品非常简单。您可以在我们的官方网站上在线购买，或者联系我们的客户支持团队。"

[视频结束：音乐逐渐增强，画面淡出]

图 2-28 ChatGPT 生成的口播视频脚本文案示例

35

台词10:
（结束语）
"感谢您观看我们的产品介绍视频。如果您对我们的产品有任何疑问或需要进一步信息，请随时与我们联系。期待为您提供卓越的产品体验！"

[视频结束：公司标志和联系信息显示在屏幕上]

这是一个简单的产品介绍口播视频脚本示例，您可以根据您的具体需求和产品特点进行定制。口播脚本应当清晰、生动，并能够吸引观众的注意力，同时传达产品的关键信息和卖点。

图 2-28 ChatGPT 生成的口播视频脚本文案示例（续）

STEP 02 赋予 ChatGPT 身份，让 ChatGPT 从专业角度进行知识分享，在输入框中输入“你是一名绘画师，现在需要你分享一些专业的绘画基础入门技巧，以口播视频脚本文案的方式来分享”，生成的干货分享类视频文案如图 2-27 所示。

由此可以看出，ChatGPT 按照要求生成了满足需求的口播视频，并且结合文案和拍摄画面为我们提供了参考，行之有据，具有一定的实用性。

2.3.4 影视解说类：凝练剧集内容

扫码看视频

【效果展示】：影视解说类视频文案是指对简要介绍电影、电视剧情节的视频内容进行描述的文字。这类文案一般用语幽默、简洁，具有概括性，能够高度凝练剧集内容，并以最短时间和最快速度传达给受众，效果如图 2-29 所示。

CI 提供影视解说类视频文案，主题为简要概括《傲慢与偏见》的剧情，要用吸引人、幽默的语言来概括，字数在400字以内

当英国乡村遇上浪漫情缘，就有了《傲慢与偏见》！这部戏简直是绅士们的约会指南，女士们的关系管理宝典，和一堆难忘的名言。

故事背景是18世纪的英国，我们遇到了脾气火爆的伊丽莎白·班内特。她是一个聪明、坚强，但也相当任性的年轻女子，简直是个独立女性的代表。然而，这位小姐要面对一个更加刺激的挑战：名叫达西的富有、帅气又高傲的绅士。

当这两位性格迥异的主人公相遇时，火花四溅！班内特小姐刚一认识到达西先生，就急不可耐地嘲笑了他的高傲，而达西先生则对她的坚韧不招架。他们之间的争论，简直可以点燃一座城市！

然而，这并不是一个典型的"情敌"故事。在幽默和机智的剧情中，我们看到了角色的成长和改变。班内特小姐学会了不要轻易判断人，达西先生则变得更加谦卑。这是一个关于互相理解和接受的故事。

但这还不是全部！除了主要情节，我们还有班内特家族的一群令人难以忘怀的姐妹，每个人都有自己的性格和梦想。还有那些各式各样的社交活动，从宴会到婚礼，每一个场景都充满了欢笑和戏剧。

《傲慢与偏见》不仅仅是一部感人至深的浪漫故事，它还是一部充满幽默和智慧的社交喜剧。这部电影让我们明白，爱情和社交关系中，最重要的不是社会地位，而是真正的自我和互相理解。所以，赶快准备一杯红茶，坐下来享受这个充满活力的爱情冒险吧！

图 2-29 效果展示

下面介绍用 ChatGPT 生成影视解说类视频文案的具体操作方法。

STEP 01 在 ChatGPT 的输入框中输入“影视解说类视频文案是什么”，按【Enter】键发送，

ChatGPT 生成的回复如图 2-30 所示，确保 ChatGPT 了解影视解说类视频文案。

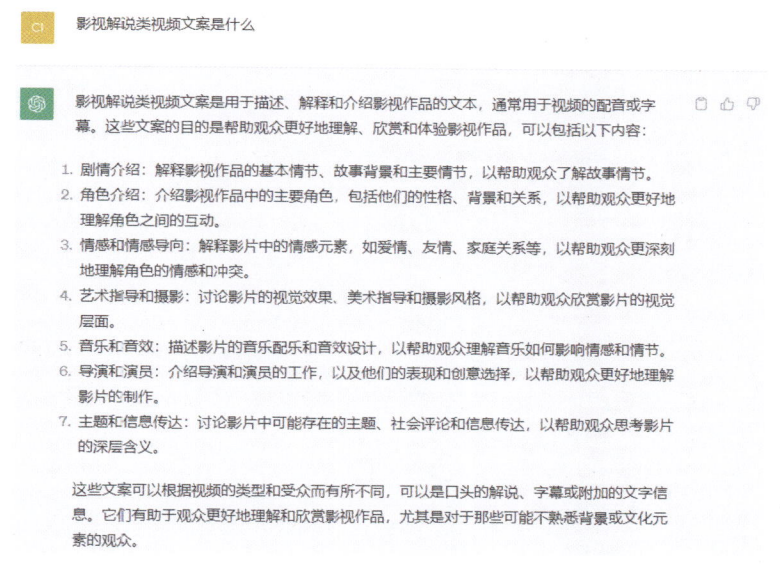

图 2-30 ChatGPT 生成的影视解说类视频文案的释义

STEP 02 让 ChatGPT 生成正式的影视解说类视频文案，在输入框中输入"提供影视解说类视频文案，主题为简要概括《傲慢与偏见》的剧情，要用吸引人、幽默的语言来概括，字数在 400 字以内"，生成的回复如图 2-29 所示。

2.3.5 电商广告类：引导受众购买

【**效果展示**】：电商广告类视频文案是指在电商平台上发布的针对商品推广或品牌宣传的短视频中的文字描述内容，它的目的是通过简洁明了的语言表达，引导观众完成购买行为，效果如图 2-31 所示。

图 2-31 效果展示

下面介绍用 ChatGPT 生成电商广告类视频文案的具体操作方法。

STEP 01 在 ChatGPT 的输入框中输入"为一个烤肉店的美食团购短视频创作标题文案和内容文案，字数在 300 字以内"，按【Enter】键发送，ChatGPT 即可生成相应的电商广告类视频文案，如图 2-32 所示。

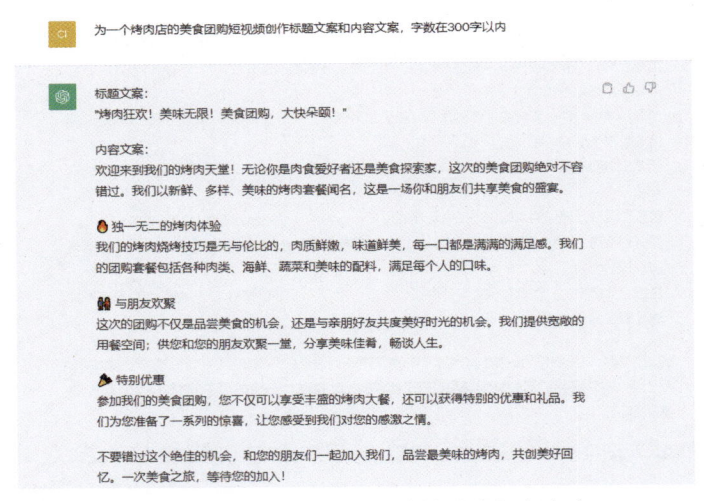

图 2-32 ChatGPT 生成的电商广告类视频文案

STEP 02 此外，还可以让 ChatGPT 将生成的文案改写成分镜头脚本，以便于视频的生成与制作。在输入框中输入"将上述文案用分镜头脚本的方式呈现出来。镜头脚本要以表格的方式呈现以下内容：分镜序号、景别（中近远特写等镜头）、画面描述、对话台词（包括人物对话时动作、语言、神态等，越详细越好）、背景音乐（给出具体的歌曲名称）"，生成的回复如图 2-31 所示。

第 3 章
AIGC 生成视觉图片素材

如果用户想制作视频,却没有合适的素材,可以考虑利用 AIGC 技术生成视觉图片素材,这样不仅省时省力,还能随时随地根据用户的需求进行生成,让视频效果更美观。本章将介绍如何使用 AIGC 技术,包括文心一格和 Midjourney,来轻松生成出色的视觉图片素材,以提升用户的视频制作体验。

3.1 文心一格的 8 种生成技巧

文心一格是由百度飞桨推出的一个 AI 艺术和创意辅助平台，利用飞桨的深度学习技术，帮助用户快速生成高质量图像。文心一格支持用户自行设置关键词、画面类型、图像比例和数量等参数，还提供了"自定义"AI 绘画模式，以满足用户更多的绘画需求。需要注意的是，即使是完全相同的关键词，文心一格每次生成的画作也会有差异。

3.1.1 AI 创作图片：选择风格类型

【效果展示】：文心一格的图片风格类型非常多，包括"智能推荐""艺术创想""唯美二次元""中国风""艺术创想""插画""明亮插画""炫彩插画""梵高""超现实主义""像素艺术"等，用户可以根据需要选择风格类型生成图片。"明亮插画"风格效果如图 3-1 所示。

图 3-1 效果展示

下面介绍选择图片风格并生成绘画作品的具体操作方法。

STEP 01 在文心一格官网登录账号后，进入"AI 创作"页面，输入相应的关键词，在"画面类型"选项区中单击"更多"按钮，如图 3-2 所示。

STEP 02 展开"画面类型"选项区，在其中选择"明亮插画"选项，如图 3-3 所示。

图 3-2 单击"更多"按钮　　　　图 3-3 选择"明亮插画"选项

STEP 03 单击"立即生成"按钮，即可生成"明亮插画"风格的 AI 绘画作品，效果如图 3-1 所示。

▶ 专家指点

注意，使用同样的 AI 绘画关键词，选择不同的画面类型，生成的图片风格也不一样。

3.1.2 比例和数量：根据需求定制

【效果展示】：在文心一格中，除了可以选择多种图片风格，还可以设置图片的比例（竖图、方图和横图）和数量（最多 9 张）。生成的两张横图效果如图 3-4 所示。

图 3-4 效果展示

下面介绍设置图片比例和数量的具体操作方法。

STEP 01 在文心一格官网中进入"AI 创作"页面，输入相应的关键词，设置"比例"为"横图"、"数量"为 2，如图 3-5 所示。

STEP 02 执行操作后，单击"立即生成"按钮，即可生成两张 AI 绘画作品，效果如图 3-4 所示。

图 3-5 设置"比例"和"数量"参数

3.1.3 自定义模式：更加符合需求

【效果展示】：使用文心一格的"自定义"AI 绘画模式，用户可以设置更多的关键词，从而让生成的图片效果更加符合自己的需求，如图 3-6 所示。

图 3-6 效果展示

下面介绍通过自定义模式生成符合需求图片的具体操作方法。

STEP 01 在文心一格官网中进入"AI 创作"页面，输入相应的关键词，切换至"自定义"选项卡，设置"选择 AI 画师"为"创艺"，如图 3-7 所示。

STEP 02 在下方设置"尺寸"为 4:3、"数量"为 1，如图 3-8 所示。

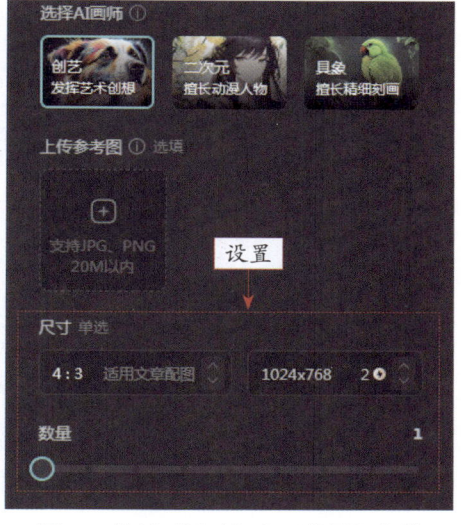

图 3-7 设置"选择 AI 画师"选项　　　　图 3-8 设置"尺寸"和"数量"参数

STEP 03 单击页面下方的"立即生成"按钮，即可生成自定义 AI 绘画作品，效果如图 3-6 所示。

3.1.4 上传参考图：生成类似图片

【效果展示】：在"自定义"AI 绘画模式中，用户使用文心一格的"上传参考图"功能，可以上传任意一张图片，并通过文字描述想修改的地方，生成类似的图片效果，素材与效果对比如图 3-9 所示。

下面介绍通过上传参考图生成类似图片的具体操作方法。

STEP 01 在文心一格官网中进入"AI 创作"页面，在文本框中输入相应的关键词，切换至"自定义"选项卡，设置"选择 AI 画师"为"创艺"，单击"上传参考图"下方的 按钮，如图 3-10 所示。

素材

效果

图 3-9 素材与效果对比

STEP 02 弹出"打开"对话框，选择相应的参考图，如图 3-11 所示。

图 3-10 单击相应按钮　　　　　　　　　图 3-11 选择相应的参考图

STEP 03 单击"打开"按钮，上传参考图，并设置"影响比重"为 8，如图 3-12 所示。该数值越大，参考图所产生的影响就越大。

STEP 04 在下方设置"尺寸"为 3:2、"数量"为 1，如图 3-13 所示。

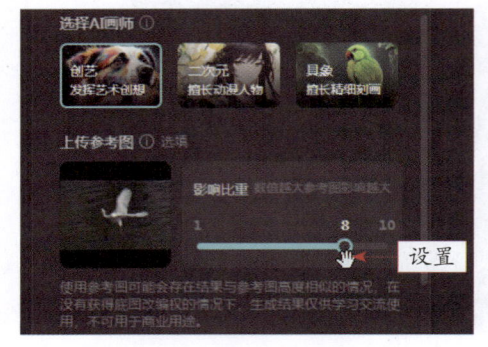

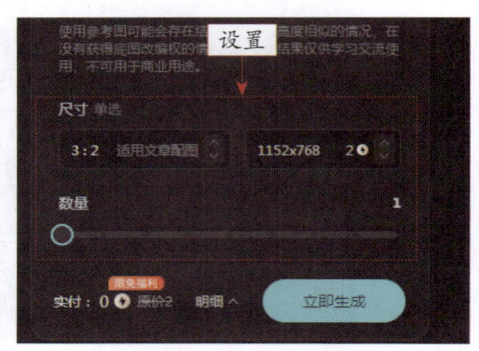

图 3-12 设置"影响比重"参数　　　　　图 3-13 设置"尺寸"和"数量"参数

第 3 章 AIGC 生成视觉图片素材

STEP 05 单击"立即生成"按钮,即可根据参考图生成类似的图片,效果如图 3-9 所示。

3.1.5 输入关键词:自定义画面风格

【效果展示】:在文心一格的"自定义"AI 绘画模式中,除了可以选择 AI 画师,用户还可以输入自定义的画面风格关键词,从而生成各种类型的图片,效果如图 3-14 所示。

图 3-14 效果展示

下面介绍通过输入关键词,自定义画面风格的具体操作方法。

STEP 01 在"AI 创作"页面的"自定义"选项卡中,输入相应的关键词,设置"选择 AI 画师"为"创艺",如图 3-15 所示。

STEP 02 执行操作后,在下方设置"尺寸"为 3:2、"数量"为 1、"画面风格"为"矢量画",如图 3-16 所示。

图 3-15 设置"选择 AI 画师"选项　　　　图 3-16 设置相应的参数

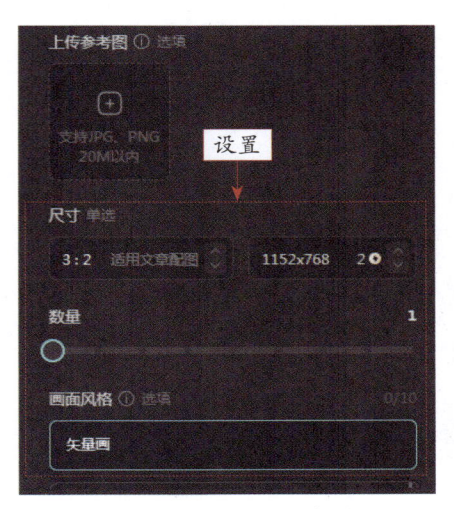

45

STEP 03 单击"立即生成"按钮，即可生成相应风格的图片，效果如图 3-14 所示。

3.1.6 使用修饰词：提升图片质量

【**效果展示**】：使用修饰词可以提升文心一格的出图质量，而且修饰词还可以叠加使用，效果如图 3-17 所示。

图 3-17 效果展示

下面介绍使用修饰词提升图片质量的具体操作方法。

STEP 01 在"AI 创作"页面的"自定义"选项卡中，输入相应的关键词，设置"选择 AI 画师"为"创艺"，如图 3-18 所示。

STEP 02 执行操作后，在下方设置"尺寸"为 16:9、"数量"为 1、"画面风格"为"矢量画"，如图 3-19 所示。

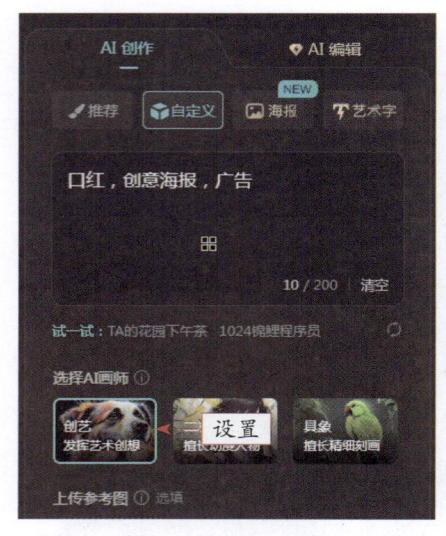

图 3-18 设置"选择 AI 画师"选项

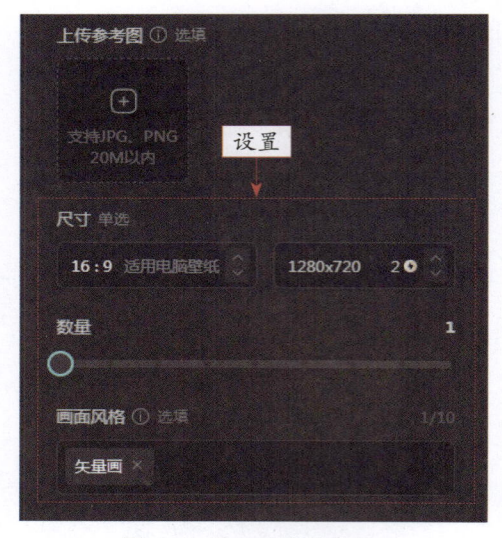

图 3-19 设置相应的参数

第 3 章 AIGC 生成视觉图片素材

STEP 03 单击"修饰词"下方的输入框，在打开的面板中单击"cg 渲染"标签，如图 3-20 所示，即可将该修饰词添加到输入框中。

STEP 04 使用同样的操作方法，添加一个"摄影风格"修饰词，如图 3-21 所示。

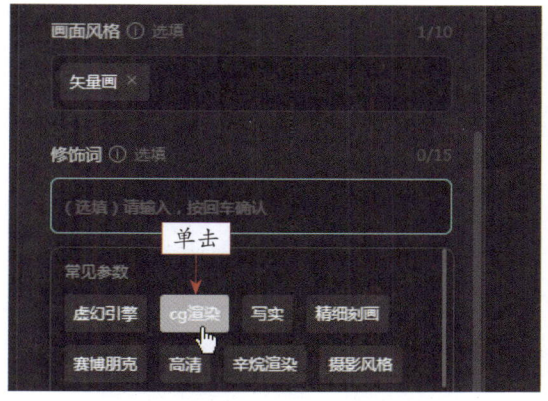

图 3-20 单击"cg 渲染"标签

图 3-21 添加"摄影风格"修饰词

STEP 05 单击"立即生成"按钮，即可生成品质更高且更具有摄影感的图片，效果如图 3-17 所示。

▶ 专家指点

cg 是计算机图形（Computer Graphics）的缩写，是指使用计算机来创建、处理和显示图形的技术。

3.1.7 模仿艺术家：生成风格图片

【效果展示】：在文心一格的"自定义"AI 绘画模式中，用户可以添加合适的艺术家效果关键词，模拟特定的艺术家绘画风格来生成相应的图片，效果如图 3-22 所示。

图 3-22 效果展示

下面介绍模仿艺术家绘画风格生成图片的具体操作方法。

STEP 01 在"AI 创作"页面的"自定义"选项卡中，输入相应的关键词，设置"选择 AI 画师"

47

为"创艺",如图3-23所示。

STEP 02 执行操作后,在下方设置"尺寸"为16:9、"数量"为1、"画面风格"为"水彩画",如图3-24所示。

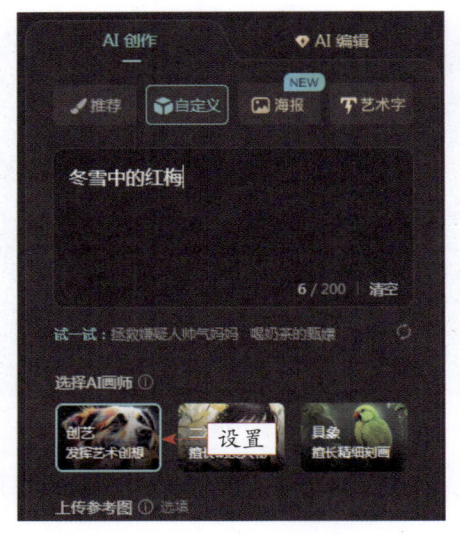

图3-23 设置"选择AI画师"选项

图3-24 设置相应的参数

STEP 03 单击"修饰词"下方的输入框,在打开的面板中单击"高清"标签,如图3-25所示,即可将该修饰词添加到输入框中。

STEP 04 在"艺术家"输入框中,添加相应的艺术家名称,如图3-26所示。

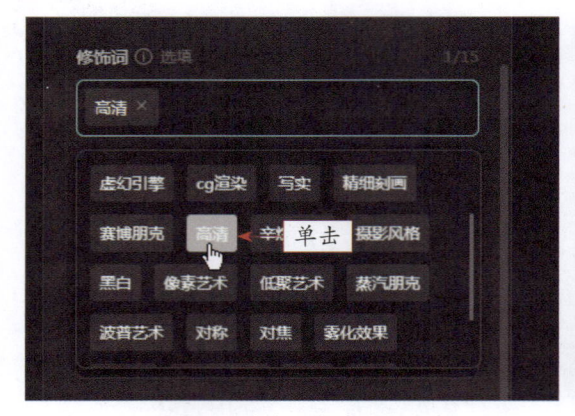

图3-25 单击"高清"标签

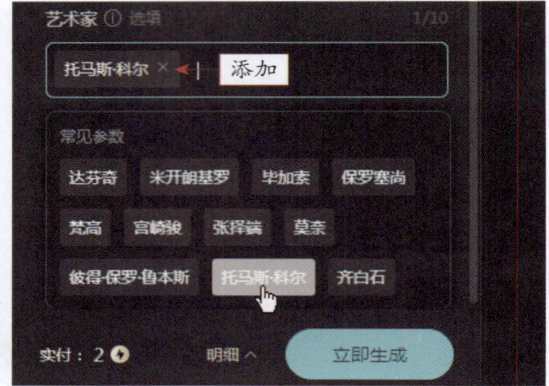

图3-26 添加相应的艺术家名称

STEP 05 单击"立即生成"按钮,即可生成相应艺术家风格的图片,效果如图3-22所示。

3.1.8 输入标签:减少图片元素

【效果展示】:在文心一格的"自定义"AI绘画模式中,用户可以设置"不希望出现的内容"选项,输入相应的标签词汇,从而在一定程度上减少该内容出现的概率,减少图片元素,效果如图3-27所示。

图 3-27 效果展示

下面介绍通过输入标签词汇，减少不需要的图片元素的具体操作方法。

STEP 01 在"AI 创作"页面的"自定义"选项卡中，输入相应的关键词，设置"选择 AI 画师"为"创艺"，如图 3-28 所示。

STEP 02 执行操作后，在下方设置"尺寸"为 3:2、"数量"为 1、"画面风格"为"矢量画"，如图 3-29 所示。

图 3-28 设置"选择 AI 画师"选项　　　　图 3-29 设置相应的参数

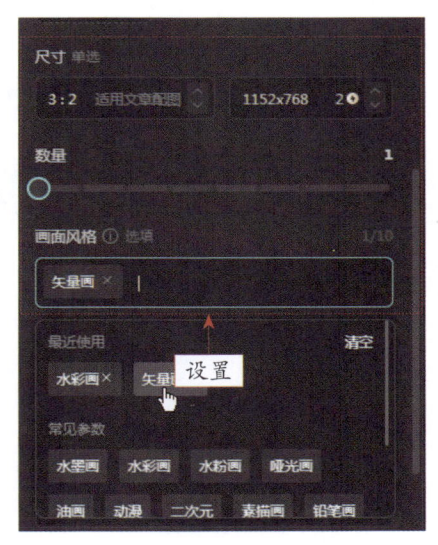

STEP 03 单击"修饰词"下方的输入框，在打开的面板中单击"写实"标签，如图 3-30 所示，即可将该修饰词添加到输入框中。

STEP 04 在"不希望出现的内容"下方的输入框中输入"人物"标签，如图 3-31 所示，表示降低人物在画面中出现的概率。

图 3-30 单击"写实"标签　　　图 3-31 输入"人物"标签

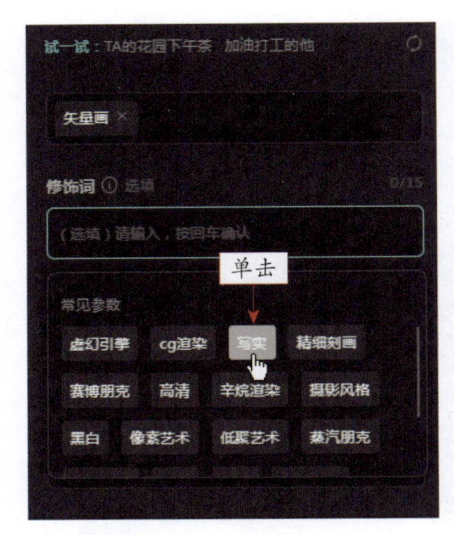

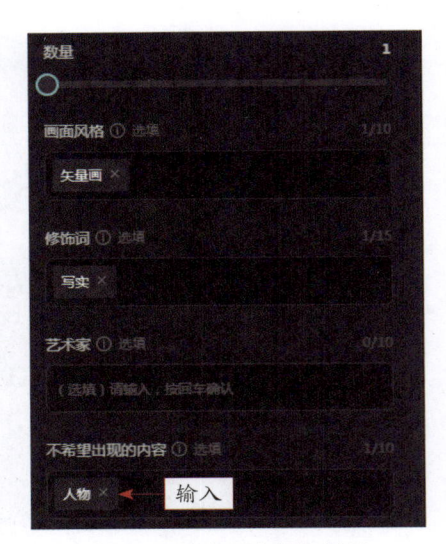

STEP 05 单击"立即生成"按钮，即可生成相应的图片，效果如图 3-27 所示。

3.2 Midjourney 的 6 个绘画要点

　　Midjourney 是一个通过人工智能技术进行绘画创作的工具，用户只需在其中输入文字、上传图片等提示内容，就可以让 AI 机器人自动创作出符合要求的图片。不过，如果用户想生成高质量的图片，就需要大量地训练 AI 模型，并掌握一些绘画的高级设置技巧。本节将介绍 Midjourney 的 6 个绘画要点，从而帮助用户在生成图片时更加得心应手。

3.2.1 熟悉 AI 指令：掌握绘画操作

　　在使用 Midjourney 进行 AI 绘画时，用户可以使用各种指令与 Discord 平台上的 Midjourney Bot（机器人）进行交互，从而告诉它自己想要获得一张什么样的效果图片。Midjourney 的指令主要用于创建图像、更改默认设置，以及执行其他有用的任务。表 3-1 所示为 Midjourney 中常用的 AI 绘画指令。

表 3-1 Midjourney 中常用的 AI 绘画指令

指令	描述
/ask（问）	得到一个问题的答案
/blend（混合）	轻松地将两张图片混合在一起
/daily_theme（每日主题）	切换 #daily-theme 频道更新的通知
/docs（文档）	在 Midjourney Discord 官方服务器中使用，可快速生成指向本用户指南中涵盖的主题链接
/describe（描述）	根据用户上传的图像编写 4 个示例提示词

（续表）

指令	描述
/faq（常见问题）	在 Midjourney Discord 官方服务器中使用，将快速生成一个链接，指向热门 prompt 技巧频道的常见问题解答
/fast（快速）	切换到快速模式
/help（帮助）	显示 Midjourney Bot 有关的基本信息和操作提示
/imagine（想象）	使用关键词或提示词生成图像
/info（信息）	查看有关用户的账号及任何排队（或正在运行）的作业信息
/stealth（隐身）	专业计划订阅用户可以通过该指令切换到隐身模式
/public（公共）	专业计划订阅用户可以通过该指令切换到公共模式
/subscribe（订阅）	为用户的账号页面生成个人链接
/settings（设置）	查看和调整 Midjourney Bot 的设置
/prefer option（偏好选项）	创建或管理自定义选项
/prefer option list（偏好选项列表）	查看用户当前的自定义选项
/prefer suffix（偏好后缀）	指定要添加到每个提示词末尾的后缀
/show（展示）	使用图像作业 ID（Identity Document，账号）在 Discord 中重新生成作业
/relax（放松）	切换到放松模式
/remix（混音）	切换到混音模式

3.2.2 使用 imagine 指令：以文生图

Midjourney 主要使用 imagine 指令和关键词等文字内容来完成 AI 绘画创作，用户应该尽量输入英文关键词。

需要注意的是，AI 模型对于英文单词的首字母大小写格式没有要求，但注意每个关键词中间要添加一个逗号（英文字体格式）或空格。

【效果展示】：Midjourney 以文生图的效果如图 3-32 所示。

图 3-32 效果展示

下面介绍在 Midjourney 中以文生图的具体操作方法。

STEP 01 在 Midjourney 下面的输入框内输入 /（正斜杠符号），在打开的列表框中选择 imagine 指令，如图 3-33 所示。

图 3-33 选择 imagine 指令

STEP 02 在 imagine 指令后方的 prompt（提示）输入框中输入相应的关键词，如图 3-34 所示。

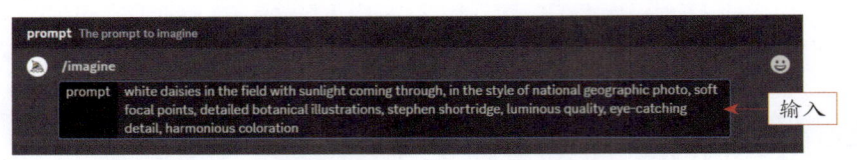

图 3-34 输入相应的关键词

STEP 03 按【Enter】键发送，Midjourney Bot 即可开始工作，并显示图片的生成进度。稍等片刻，Midjourney 即可生成 4 张对应的图片，如图 3-35 所示。

STEP 04 单击 V3 按钮，如图 3-36 所示。V 按钮的作用是以所选的图片样式为模板重新生成 4 张图片。

图 3-35 生成 4 张对应的图片　　　　图 3-36 单击 V3 按钮

STEP 05 执行上述操作后，Midjourney 将以第 3 张图片为模板，重新生成 4 张图片，如图 3-37 所示。

STEP 06 如果用户对重新生成的图片都不满意，可以单击 🔄（重做）按钮，如图 3-38 所示，Midjourney 会再次重新生成 4 张图片。

图 3-37 重新生成 4 张图片

图 3-38 单击重做按钮

STEP 07 在重新生成的 4 张图片下方，单击 U3 按钮，如图 3-39 所示。

STEP 08 执行操作后，Midjourney 将在第 3 张图片的基础上进行更加精细的刻画，并放大图片，效果如图 3-40 所示。

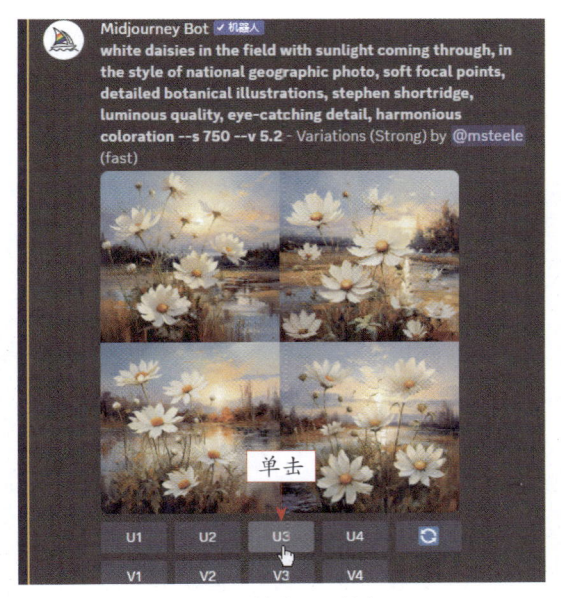

图 3-39 单击 U3 按钮

图 3-40 放大图片效果

▶ 专家指点

　　Midjourney 生成的图片效果下方的 U 按钮表示放大选中图片的细节，可以生成单张的大图效果。如果用户对 4 张图片中的某张图片感到满意，可以单击 U1～U4 按钮中的某一个按钮并生成大图效果，否则 4 张图片是拼在一起的。

STEP 09　单击 Vary（Subtle）【变化（微妙）】按钮，将以该张图片为模板，在细节上进行微调整，再次重新生成 4 张图片，如图 3-41 所示。

STEP 10　单击 U2 按钮，放大第 2 张图片，效果如图 3-42 所示。至此，完成以文生图的操作。

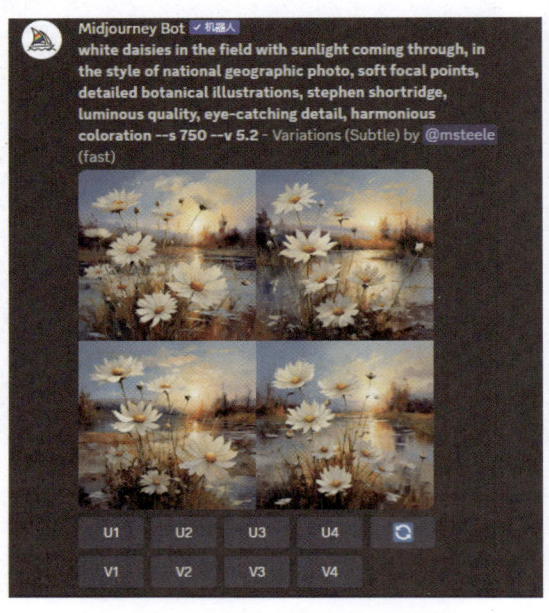

图 3-41　再次重新生成 4 张图片

图 3-42　放大第 2 张图片效果

3.2.3　使用 describe 指令：以图生图

　　在 Midjourney 中，用户可以使用 describe 指令获取图片的提示，然后再根据提示内容和图片链接生成类似的图片，这个过程称为以图生图，也称为"垫图"。需要注意的是，提示词就是关键词或指令的统称，网上大部分用户也将其称为"咒语"。

　　【效果展示】：Midjourney 以图生图的效果如图 3-43 所示。

图 3-43　效果展示

下面介绍在 Midjourney 中以图生图的具体操作方法。

STEP 01 在 Midjourney 下面的输入框内输入 /，在打开的列表框中选择 describe 指令，如图 3-44 所示。

STEP 02 执行操作后，单击上传按钮，如图 3-45 所示。

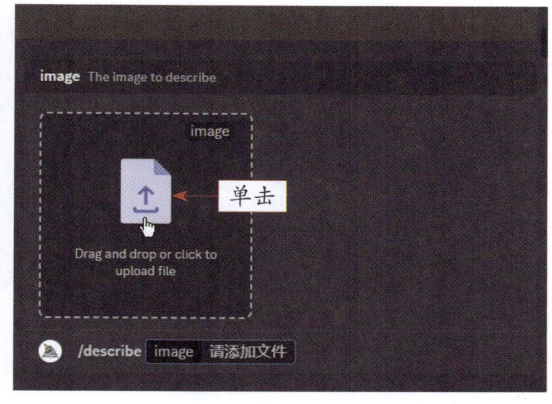

图 3-44 选择 describe 指令

图 3-45 单击上传按钮

STEP 03 执行操作后，弹出"打开"对话框，选择相应的图片，如图 3-46 所示。

STEP 04 单击"打开"按钮，将图片添加到 Midjourney 的输入框中，如图 3-47 所示，按【Enter】键发送。

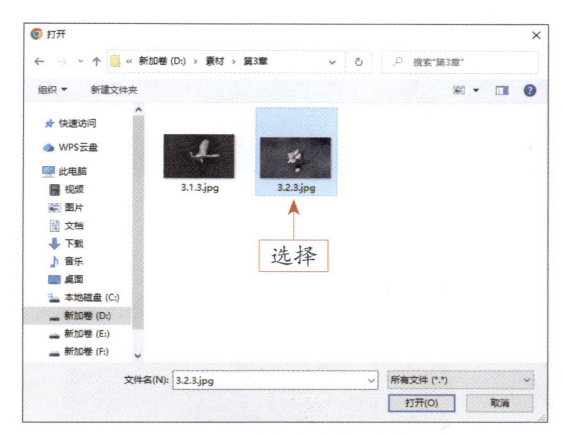

图 3-46 选择相应的图片

图 3-47 将图片添加到 Midjourney 的输入框中

STEP 05 执行上述操作后，Midjourney 将会根据用户上传的图片生成 4 段提示词，如图 3-48 所示。用户可以通过复制提示词或单击图片下面的 1～4 按钮，以该图片为模板生成新的图片效果。

STEP 06 单击上传的图片，在打开的预览图中单击鼠标右键，在弹出的快捷菜单中选择"复制图片地址"命令，如图 3-49 所示，复制图片链接。

STEP 07 执行操作后，在图片下方单击 1 按钮，如图 3-50 所示。

STEP 08 弹出"Imagine This!"对话框，在 PROMPT 文本框中的关键词前面粘贴复制的图片链接，如图 3-51 所示。注意，图片链接和关键词中间需要添加一个空格。

55

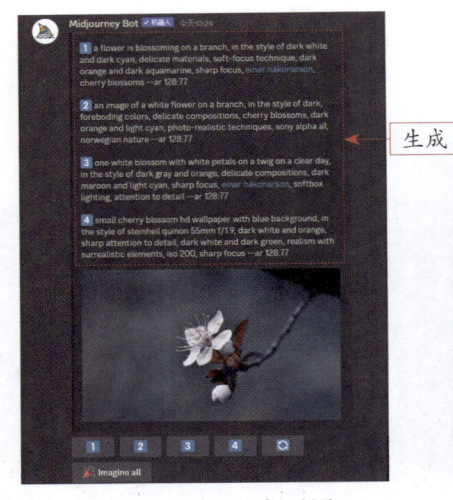

图 3-48 生成 4 段提示词

图 3-49 选择"复制图片地址"命令

图 3-50 单击 1 按钮

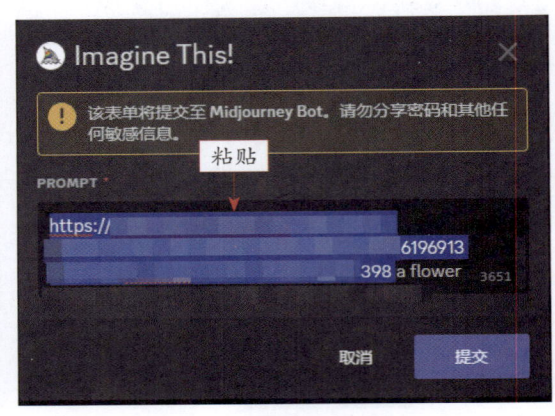

图 3-51 粘贴复制的图片链接

STEP 09 单击"提交"按钮，Midjourney 将以参考图为模板生成 4 张图片，如图 3-52 所示。

STEP 10 单击 U2 按钮，放大第 2 张图片，效果如图 3-53 所示。至此，完成以图生图的操作。

图 3-52 生成 4 张图片

图 3-53 放大第 2 张图片

3.2.4 使用 iw 指令：提升图片权重

在 Midjourney 中以图生图时，使用 iw 指令可以提升图像权重，即调整提示的图像（参考图）与文本部分（提示词）的重要性。当用户使用的 iw 值（.5～2）越大时，则表明上传的图片对输出的结果影响越大。需要注意的是，Midjourney 中指令的参数值如果为小数（整数部分是 0），只需加小数点即可，前面的 0 不用写出来。

【效果展示】：Midjourney 生成的图片效果如图 3-54 所示。

图 3-54 效果展示

下面介绍在 Midjourney 中提升以图生图的权重的具体操作方法。

STEP 01 在 Midjourney 中使用 describe 指令上传一张参考图，并生成相应的提示词，如图 3-55 所示。

STEP 02 单击参考图，在打开的预览图中单击鼠标右键，在弹出的快捷菜单中选择"复制图片地址"命令，如图 3-56 所示，复制图片链接。

图 3-55 生成相应的提示词

图 3-56 选择"复制图片地址"命令

57

STEP 03 调用 imagine 指令，将复制的图片链接和相应的提示词输入到 prompt 输入框中，并在后面输入 --iw 2 指令，如图 3-57 所示。

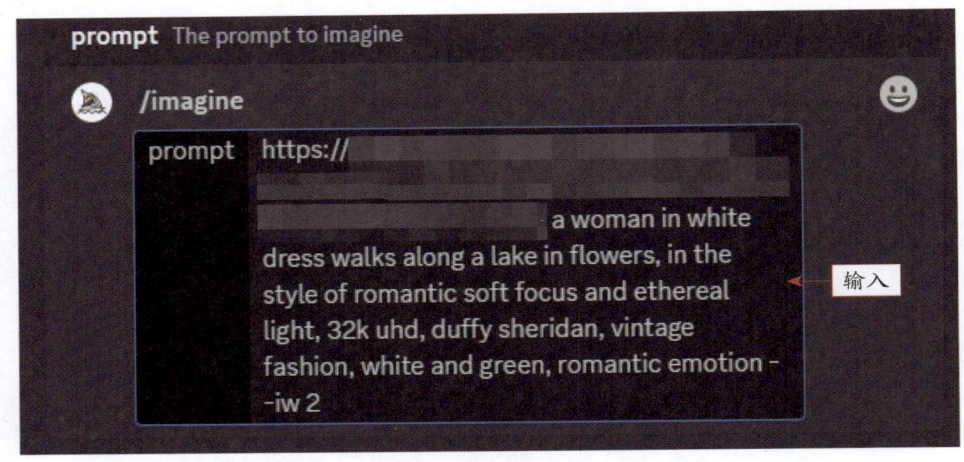

图 3-57 输入相应的图片链接、提示词和指令

STEP 04 按【Enter】键确认，即可生成与参考图的风格极其相似的图片，效果如图 3-58 所示。

STEP 05 单击 U3 按钮，生成第 3 张图的大图，效果如图 3-59 所示。至此，完成图片的生成操作。

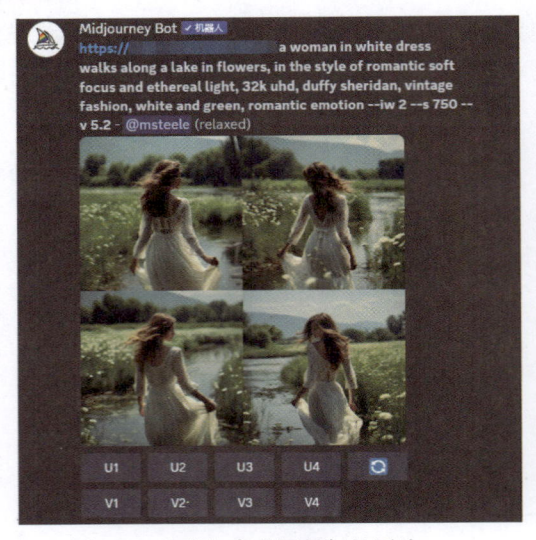

图 3-58 生成与参考图相似的图片 　　　　图 3-59 生成第 3 张图的大图效果

3.2.5 使用 blend 指令：混合生图

在 Midjourney 中，用户可以使用 blend 指令快速上传 2～5 张图片，然后查看每张图片的特征，并将它们混合生成一张新的图片。

【效果展示】：Midjourney 混合生成的图片效果如图 3-60 所示。

下面介绍利用 Midjourney 进行混合生图的具体操作方法。

第 3 章 AIGC 生成视觉图片素材

图 3-60 效果展示

STEP 01 在 Midjourney 下面的输入框内输入 /，在打开的列表框中选择 blend 指令，如图 3-61 所示。

STEP 02 执行操作后，出现两个图片框，单击左侧的上传按钮，如图 3-62 所示。

图 3-61 选择 blend 指令　　　　　　　　图 3-62 单击上传按钮

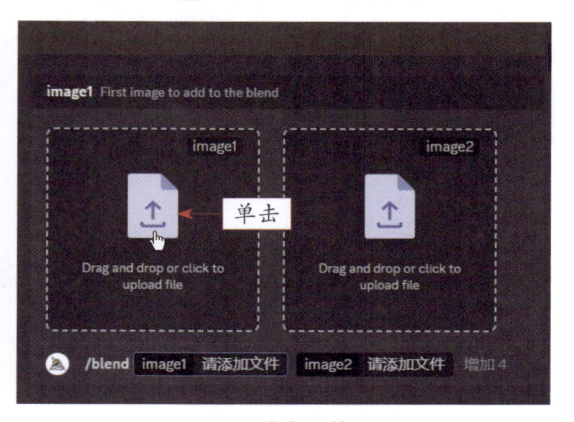

STEP 03 执行操作后，弹出"打开"对话框，选择相应的图片，如图 3-63 所示。

STEP 04 单击"打开"按钮，将图片添加到左侧的图片框中，并用同样的操作方法在右侧的图片框中添加一张图片，如图 3-64 所示。

图 3-63 选择相应的图片　　　　　　　图 3-64 添加两张图片

STEP 05 连续按两次【Enter】键，Midjourney 会自动完成图片的混合操作，并生成 4 张新的图片，这是没有添加任何关键词的效果，如图 3-65 所示。

STEP 06 单击 U3 按钮，放大第 3 张图片，效果如图 3-66 所示。至此，完成图片的生成操作。

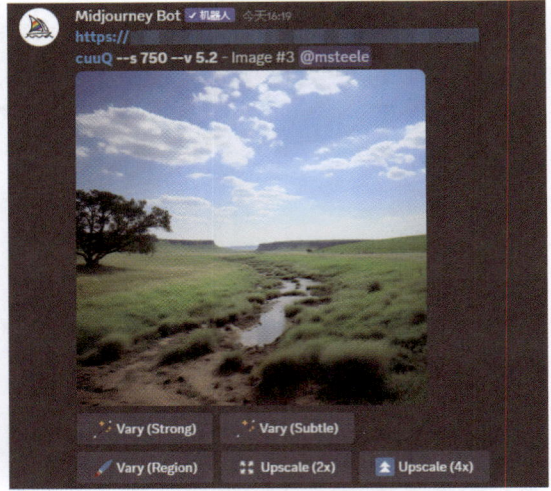

图 3-65 生成 4 张新的图片　　　　　　图 3-66 放大第 3 张图片效果

3.2.6 使用 ar 指令：更改图片比例

　　aspect rations（横纵比）指令（简称 ar 指令）用于更改生成图像的宽高比，通常表示为冒号分割两个数字，如 16∶9 或者 4∶3。需要注意的是，aspect rations 指令（ar 指令）中的冒号为英文字体格式，数字也必须为整数，并且在图片生成或放大的过程中，最终输出的尺寸效果可能会略有修改。

　　【效果展示】：Midjourney 生成 1∶1 和 16∶9 的图片效果如图 3-67 所示。

1:1 的图片效果

16:9 的图片效果

图 3-67 效果展示

下面介绍在 Midjourney 中更改图片生成比例的具体操作方法。

STEP 01 在 imagine 指令后方的 prompt 输入框中输入没有添加 ar 指令的关键词，如图 3-68 所示，这是 Midjourney 的默认横纵比。

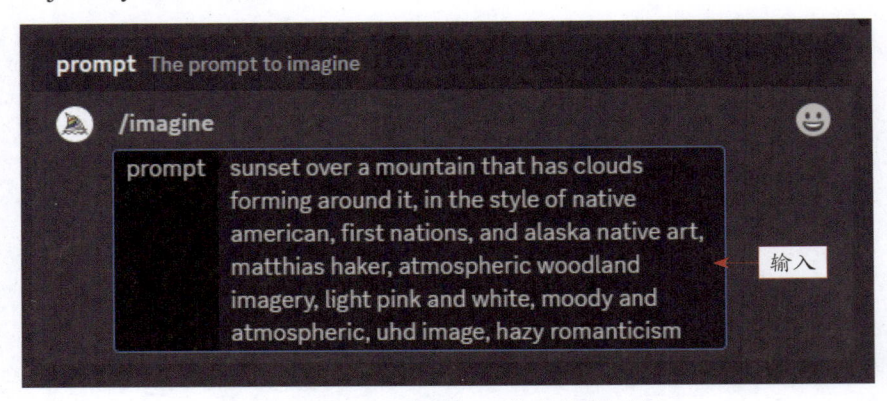

图 3-68 输入没有添加 ar 指令的关键词

STEP 02 按【Enter】键确认，Midjourney 将生成 4 张比例为 1∶1 的图片，如图 3-69 所示。

STEP 03 在 imagine 指令下方的 prompt 输入框中输入相同的关键词，并在结尾处加上 --ar 16∶9，设置图片的横纵比为 16∶9，按【Enter】键确认，Midjourney 即可生成 4 张比例为 16∶9 的图片，如图 3-70 所示。至此，完成图片的生成操作。

图 3-69 生成 4 张比例为 1∶1 的图片 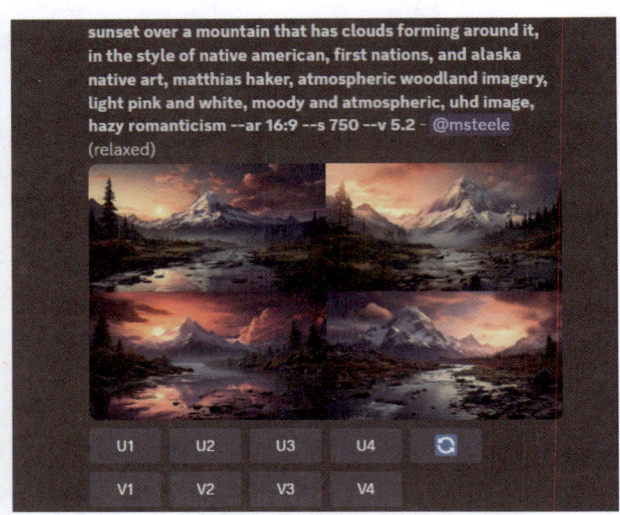　　　图 3-70 生成 4 张比例为 16∶9 的图片

▶ 专家指点

注意，在 Midjourney 中，即使输入的指令和关键词一致，重新输入生成时也无法生成完全一样的图片。

视频生成篇

第 4 章
AIGC 文本智能生成视频

很多软件都具备 AIGC 技术和 AI 创作功能，例如剪映电脑版的"文字成片"功能就非常强大，用户只需要提供文案，就能获得一个有字幕、朗读音频、背景音乐和画面的视频。本章主要介绍 AIGC 文本智能生成视频的操作方法。

4.1 AI 文案生成视频的 2 种方式

在短视频创作的过程中，用户常常会遇到这样一个问题：怎样才能又快又好地写出视频文案呢？利用 AI 文案写作工具就能轻松解决这个问题。用户通过与 AI 文案写作工具进行交流，可以让其根据需求创作出对应的视频文案。

有了文案之后，如何快速生成视频呢？利用剪映电脑版的"文字成片"功能就能满足这个需求。用户只需要在"文字成片"面板中粘贴文案或文章链接，并设置相应的朗读音色，单击"生成视频"按钮，选择喜欢的成片方式，即可借助 AI 生成相应的视频。

本节主要介绍用 AI 文案生成视频的两种方式，包括运用 ChatGPT 创作文案并生成视频与运用剪映生成文案和视频。

4.1.1 方式 1：ChatGPT 生成文案后转为视频

【效果展示】：用户在使用 ChatGPT 生成文案之前，要确定好短视频的主题，这样才能提出具体、清晰的需求，从而便于 ChatGPT 的理解和生成。文案生成好以后，用户就可以运用"文字成片"功能生成相应的视频，并对生成的视频进行适当的调整，效果如图 4-1 所示。

图 4-1 效果展示

下面介绍运用 ChatGPT 创作文案并生成视频的具体操作方法。

STEP 01 打开 ChatGPT 的聊天窗口，单击底部的输入框，在其中输入"请给我 10 个以玫瑰花拍摄技巧为主题的短视频标题"，按【Enter】键发送，ChatGPT 即可根据要求生成 10 个有关玫瑰花拍摄技巧的短视频标题，如图 4-2 所示。

STEP 02 用户可以选择一个 ChatGPT 提供的标题，让 ChatGPT 生成对应的文案，例如在下方输入"写一篇关于'用手机拍出令人陶醉的玫瑰花照片'的视频文案,要求逻辑清晰,通俗易懂,字数在 20 字以内,用数字分点阐述",按【Enter】键,ChatGPT 即可根据上述要求生成一篇文案,如图 4-3 所示。

图 4-2 ChatGPT 生成 10 个短视频标题

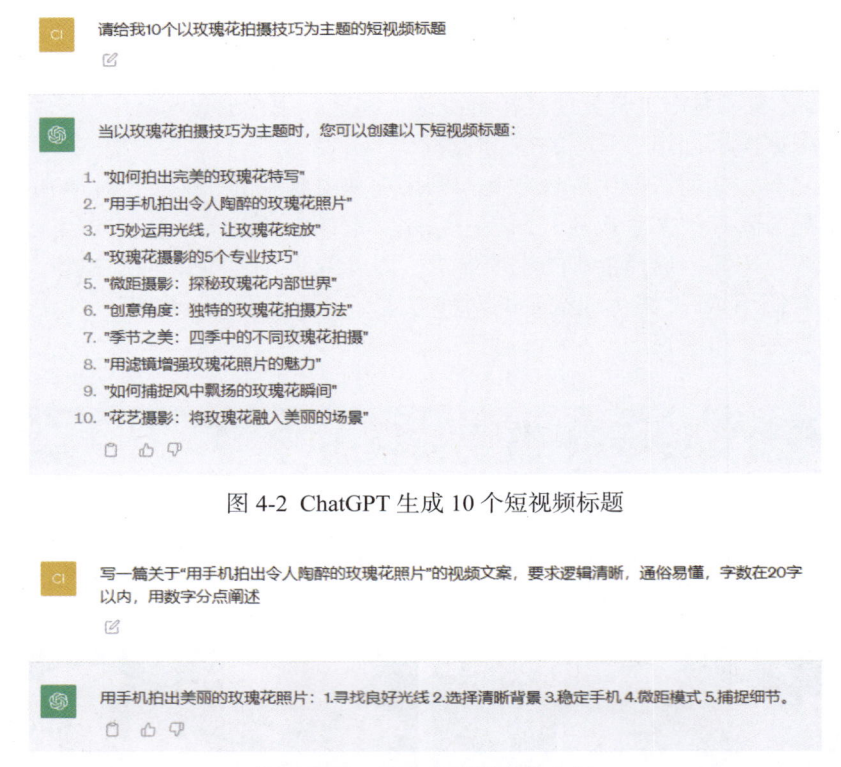

图 4-3 ChatGPT 生成相应的文案

STEP 03 至此,ChatGPT 的工作就完成了。全选 ChatGPT 回复的文案内容,在文案上单击鼠标右键,在弹出的快捷菜单中选择"复制"命令,如图 4-4 所示,复制 ChatGPT 的文案内容,保存到记事本中并进行适当的修改。

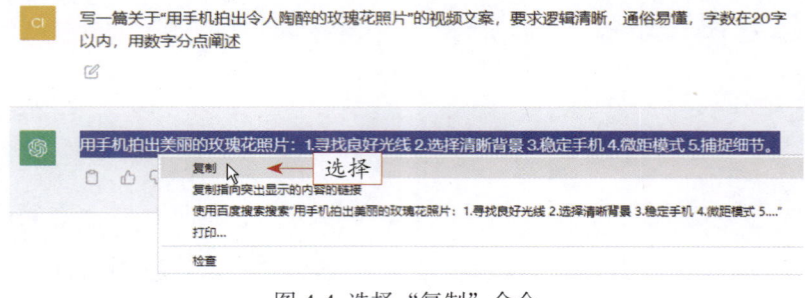

图 4-4 选择"复制"命令

▶ 专家指点

　　用户可以将 ChatGPT 回复的文案内容复制并粘贴到一个文档或记事本中,并根据需求对文案进行修改和调整,以优化生成的视频效果。

STEP 04 打开剪映电脑版,在首页单击"文字成片"按钮,如图 4-5 所示,即可打开"文字成片"

面板。

图 4-5 单击"文字成片"按钮

STEP 05 打开记事本，按【Ctrl+A】组合键全选文案内容，选择"编辑"|"复制"命令，如图 4-6 所示，将文案复制一份。

STEP 06 在"文字成片"面板中，按【Ctrl+V】组合键将复制的内容粘贴到下方的文字窗口中，如图 4-7 所示。

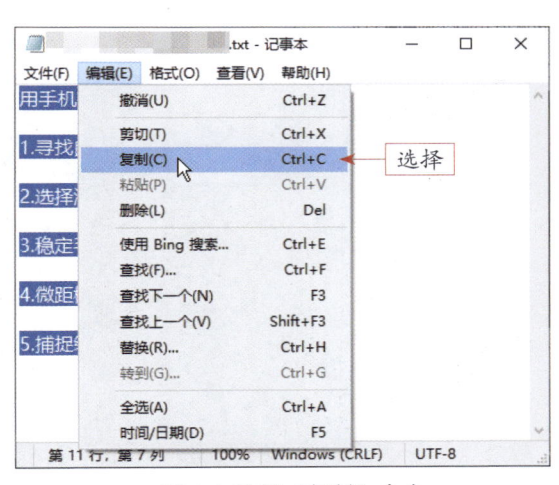

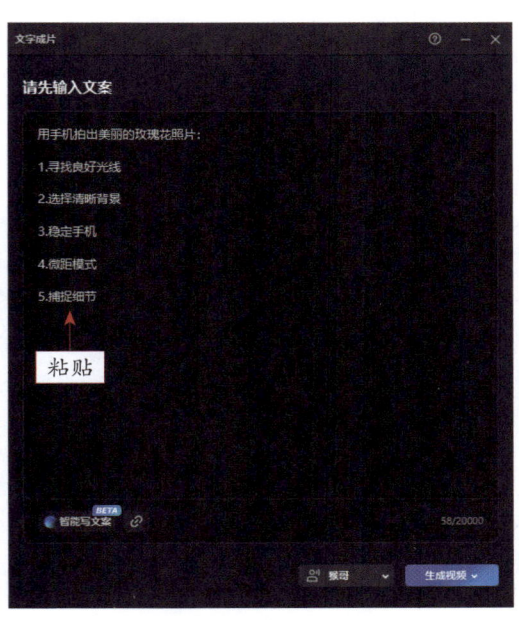

图 4-6 选择"复制"命令　　　　图 4-7 将文案粘贴到文字窗口中

STEP 07 剪映电脑版中的"文字成片"功能会自动为视频配音，用户可以选择自己喜欢的音色，例如设置朗读音色为"甜美解说"，如图 4-8 所示。

STEP 08 单击右下角的"生成视频"按钮，在打开的"请选择成片方式"列表框中选择"智能匹配素材"选项，如图 4-9 所示，即可开始生成对应的视频，并显示视频生成进度。

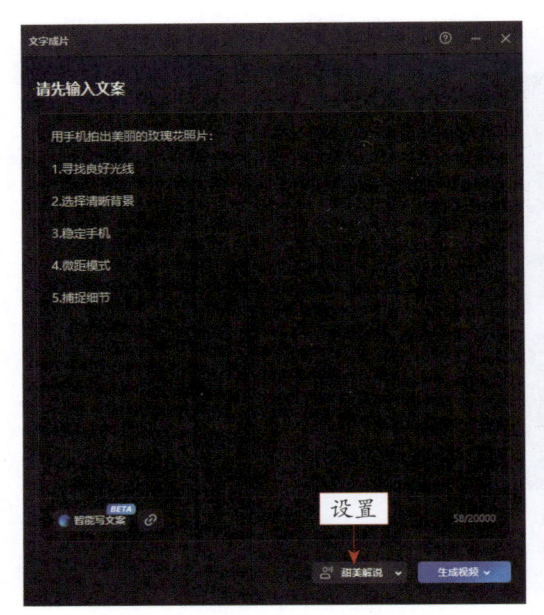

图 4-8 设置朗读音色为"甜美解说" 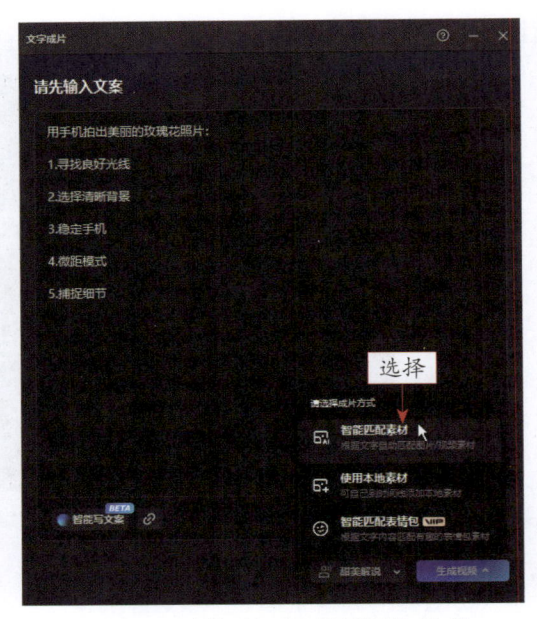　　　　图 4-9 选择"智能匹配素材"选项

STEP 09 稍等片刻，即可进入剪映的视频编辑界面，在视频轨道中可以查看剪映自动生成的短视频缩略图。用户既可以选择直接导出视频，也可以对视频的字幕、素材、朗读音频和背景音乐进行调整。以调整字幕为例，用户可以选择第 1 段文本，在"文本"操作区中将冒号删除，如图 4-10 所示，系统会根据修改后的字幕重新生成对应的朗读音频。如果设置了字体、样式、颜色等，则设置的字体效果会自动同步到其他字幕上。

STEP 10 完成字幕的调整后，单击界面右上角的"导出"按钮，如图 4-11 所示。

图 4-10 删除冒号 　　　　图 4-11 单击"导出"按钮（1）

STEP 11 弹出"导出"对话框，在"标题"文本框中修改视频的标题，单击"导出至"右侧的 📁 按钮，如图 4-12 所示。

STEP 12 弹出"请选择导出路径"对话框，设置视频的保存位置，如图 4-13 所示，单击"选择文件夹"按钮，返回"导出"对话框。

STEP 13 在"导出"对话框的右下角单击"导出"按钮，如图 4-14 所示。

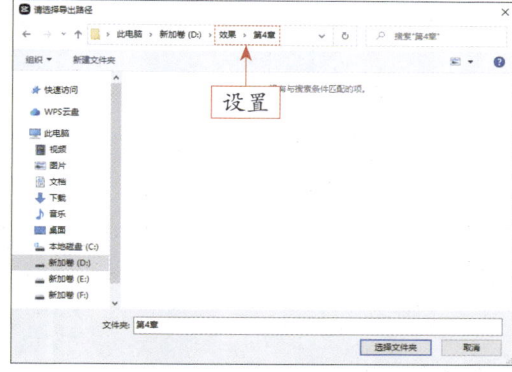

图 4-12 单击相应的按钮　　　　　　　　图 4-13 设置视频保存位置

STEP 14 执行操作后，开始导出视频，并显示导出进度，如图 4-15 所示。导出完成后，即可在设置的导出路径文件夹中查看视频。

图 4-14 单击"导出"按钮（2）　　　　　　图 4-15 显示导出进度

4.1.2 方式 2：使用"文字成片"功能生成文案和视频

扫码看视频

【效果展示】：在剪映电脑版中，用户可以直接完成文案和视频的生成，无须借助其他工具。另外，在生成视频时，用户可以设置"请选择成片方式"为"使用本地素材"，这样就能直接导入自己的图片生成视频，效果如图 4-16 所示。

69

图 4-16 效果展示

下面介绍在剪映电脑版中运用"文字成片"功能生成文案和视频的具体操作方法。

STEP 01 在"文字成片"面板中，单击"智能写文案"按钮，如图 4-17 所示。

STEP 02 执行操作后，打开一个文本框，在其中输入"以梅花鹿为主题，写一篇 50 字以内的视频文案，要求语句通顺"，单击文本框右侧的 ↑ 按钮，如图 4-18 所示。

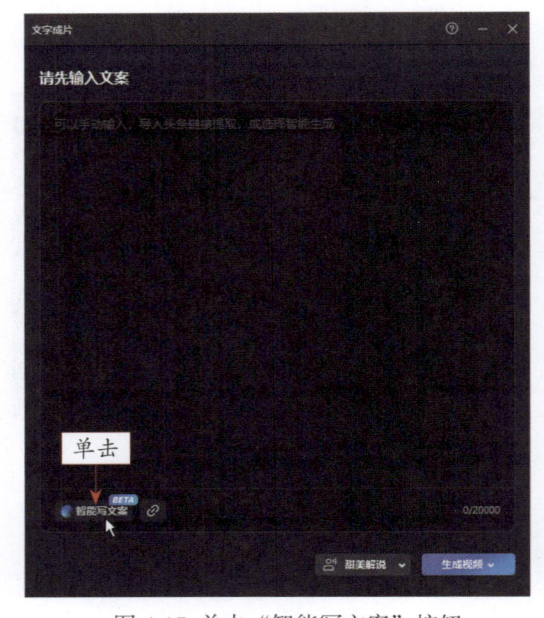

图 4-17 单击"智能写文案"按钮　　　　图 4-18 单击相应的按钮

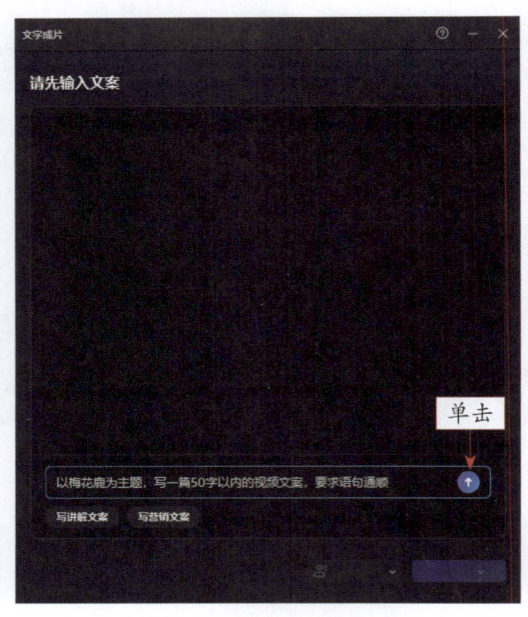

STEP 03 执行操作后，即可开始智能创作文案，并显示创作进度，如图 4-19 所示。

STEP 04 创作完成后，即可查看生成的文案。单击文案右下角的"确认"按钮，如图 4-20 所示，

70

即可将生成的文案输入到"文字成片"面板中。

图 4-19 显示创作进度 　　　　　　　图 4-20 单击"确认"按钮

> ▶ 专家指点
>
> 　　剪映会自动创作出 5 篇文案供用户选择，用户可以单击 ← 按钮或 → 按钮，来查看上一篇或下一篇文案。

STEP 05 在"文字成片"面板中修改文案内容，设置朗读音色为"新闻女声"，如图 4-21 所示。
STEP 06 单击"生成视频"按钮，在打开的"请选择成片方式"列表框中选择"使用本地素材"选项，如图 4-22 所示。

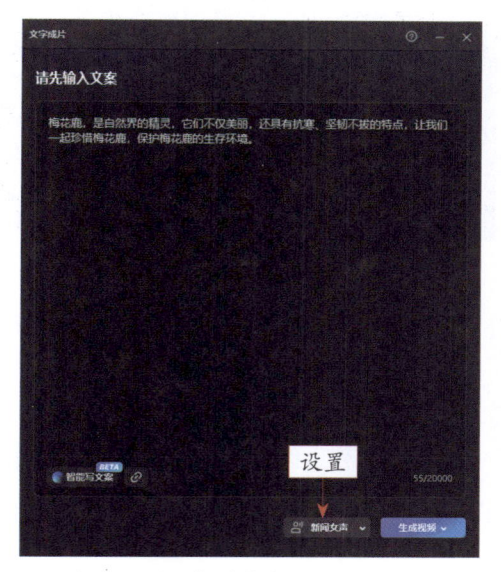

图 4-21 设置朗读音色为"新闻女声" 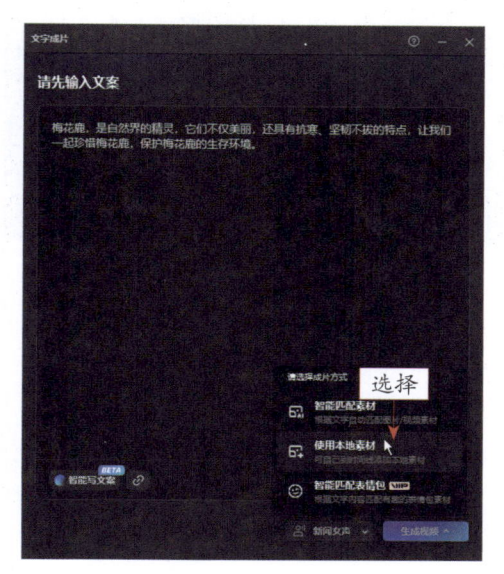　　　　　图 4-22 选择"使用本地素材"选项

STEP 07 执行操作后，即可开始生成视频，并显示生成进度。视频生成结束后，进入视频编

71

辑界面，此时的视频只有字幕、朗读音频和背景音乐，用户需要导入准备好的素材来生成视频，按【Ctrl + I】组合键，弹出"请选择媒体资源"对话框，选择要导入的素材，如图4-23所示，单击"打开"按钮，将所有素材导入"媒体"功能区的"本地"选项卡中。

STEP 08 选择第1段字幕，切换至"字幕"操作区，如图4-24所示。

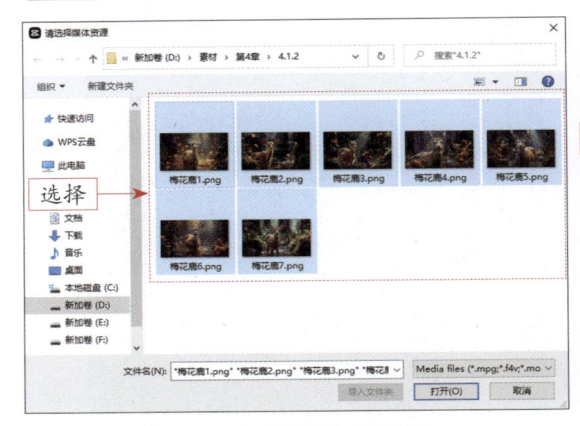

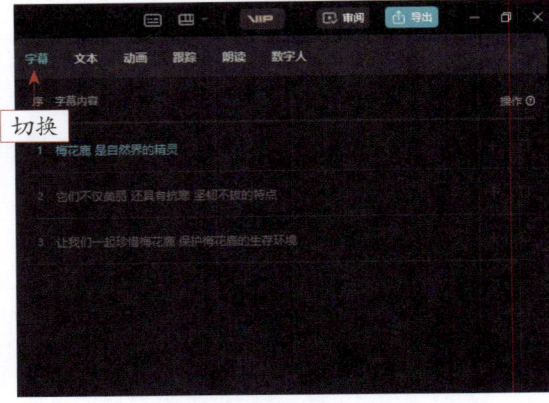

图4-23 选择要导入的素材　　　　　　　　图4-24 切换至"字幕"操作区

STEP 09 将光标定位到需要拆分的位置，按【Enter】键，即可将字幕拆分成两段，如图4-25所示。

STEP 10 用同样的方法，将第3段和第4段字幕进行拆分，并添加标点符号。选择第1段字幕，切换至"文本"操作区，更改文字字体，如图4-26所示。

图4-25 将字幕拆分成两段　　　　　　　　图4-26 更改文字字体

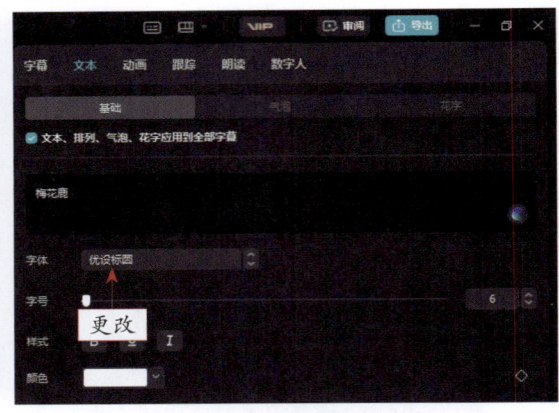

STEP 11 在轨道中调整各个字幕和朗读音频的时长和位置，并调整背景音乐的时长，如图4-27所示。

STEP 12 在"本地"选项卡中全选所有素材，单击第1段素材右下角的"添加到轨道"按钮，将素材按顺序添加到视频轨道中。在字幕轨道的起始位置单击"锁定轨道"按钮，如图4-28所示，将轨道进行锁定，避免在调整素材时对字幕造成影响。用同样的方法，将朗读音频所在的轨道也进行锁定。

STEP 13 调整素材的时长，如图4-29所示。执行操作后，将视频导出保存。

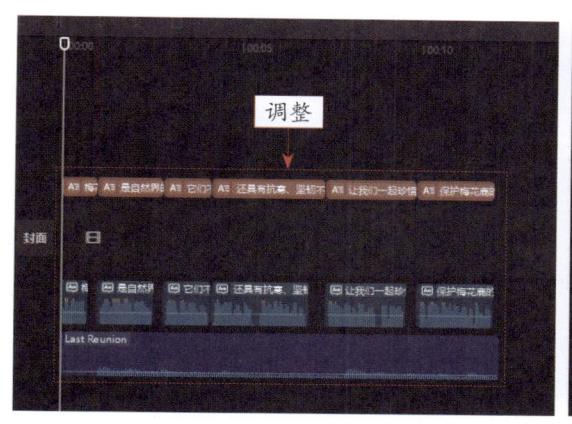

图 4-27 调整背景音乐的时长　　　　　图 4-28 单击"锁定轨道"按钮

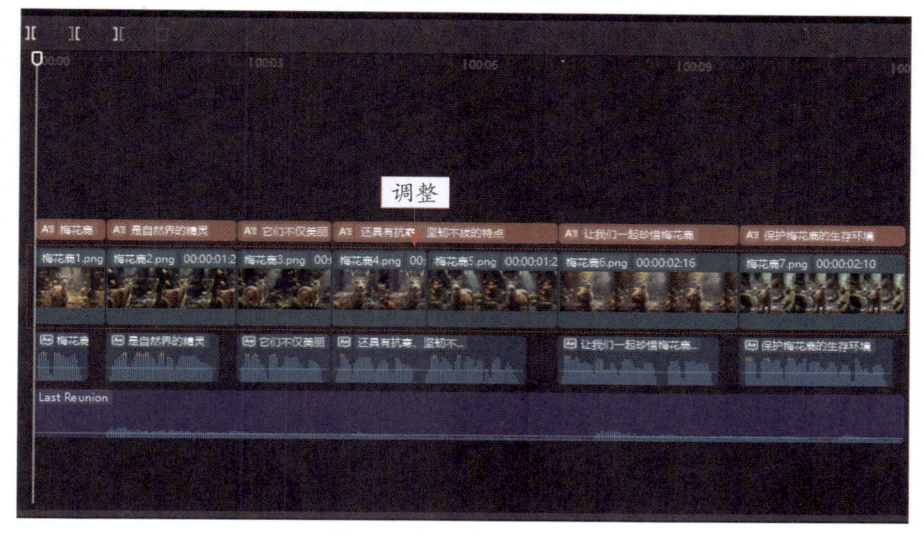

图 4-29 调整素材的时长

> ▶ **专家指点**
>
> 在使用"文字成片"功能生成视频时，视频中文本的时长将与朗读音频的时长保持一致，并且会根据音频时长的变化而变化。例如，用户修改了文本后，重新生成的朗读音频的时长变短了，那么文本的时长也会变短。如果时长变动比较大，用户可以根据朗读音频和文本的时长对素材的时长进行调整，从而让视频的声音、字幕和画面更匹配。

4.2 文章链接生成视频的 2 个操作

剪映电脑版的"文字成片"功能除了可以直接用文本生成视频，还可以通过文章链接生成视频。目前，"文字成片"功能只支持头条号的文章链接，用户将复制的文章链接粘贴到对应的文本框中后，单击"获取文字"按钮，即可自动提取文章中的文本。

【效果展示】：本节以头条文章为例，介绍用文章链接生成视频的具体操作方法，视频效果展示如图 4-30 所示。

图 4-30 效果展示

4.2.1 操作 1：搜索文章并复制链接

想用文章链接生成视频，用户需要先选好文章，并复制文章的链接，以便粘贴到"文字成片"面板中。在浏览器中搜索并进入今日头条官网，用户可以通过搜索创作者进入其个人主页来查找文章，也可以通过直接搜索文章标题或关键词来查找文章。下面以直接搜索文章标题为例，介绍在今日头条网页版中搜索文章并复制链接的具体操作方法。

STEP 01 在今日头条主页的搜索框中输入文章标题"微距摄影：手机自带的这个模式，一拍就是大片"，如图 4-31 所示，单击 按钮，开始进行搜索。

图 4-31 输入文章标题

STEP 02 在"头条搜索"页面中,用户可以查看搜索结果。单击相应文章的标题,如图 4-32 所示,即可进入文章详情页面,查看这篇文章。

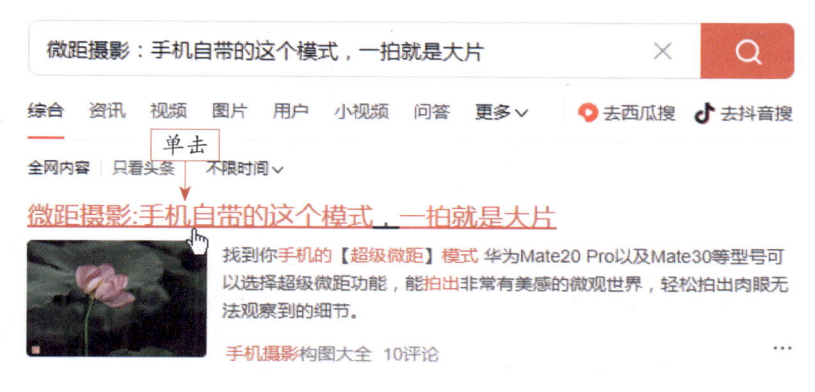

图 4-32 单击相应文章的标题

STEP 03 在文章详情页面的左侧,将鼠标移至"分享"按钮上,在打开的列表框中选择"复制链接"选项,如图 4-33 所示,弹出"已复制文章链接 去分享吧"提示,完成文章链接的复制。

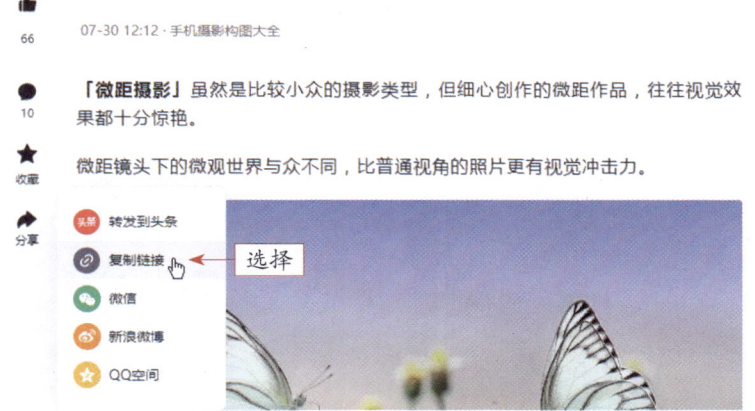

图 4-33 选择"复制链接"选项

4.2.2 操作 2:粘贴文章链接生成视频

用户将复制的链接粘贴到"文字成片"面板中,就可以通过 AI 提取文章内容并生成视频。下面介绍在剪映电脑版中粘贴文章链接生成视频的具体操作方法。

STEP 01 在剪映电脑版的首页单击"文字成片"按钮,打开"文字成片"面板,单击 按钮,如图 4-34 所示。

STEP 02 打开文本框,按【Ctrl+V】组合键将复制的文章链接粘贴到文本框中,单击文本框右侧的"获取文字"按钮,如图4-35所示,即可获取文章的文字内容,并自动填写到文字窗口中。

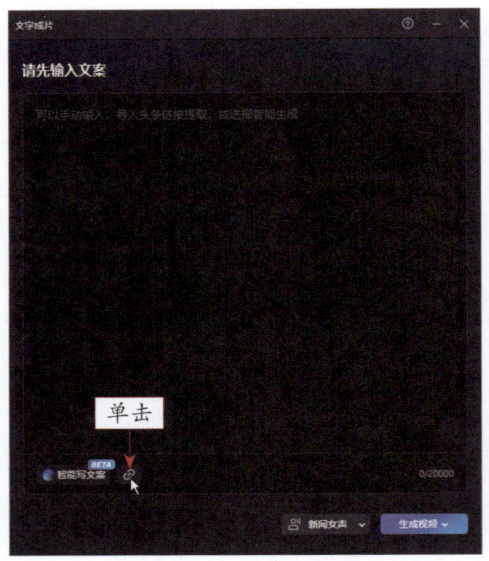

图 4-34 单击相应的按钮 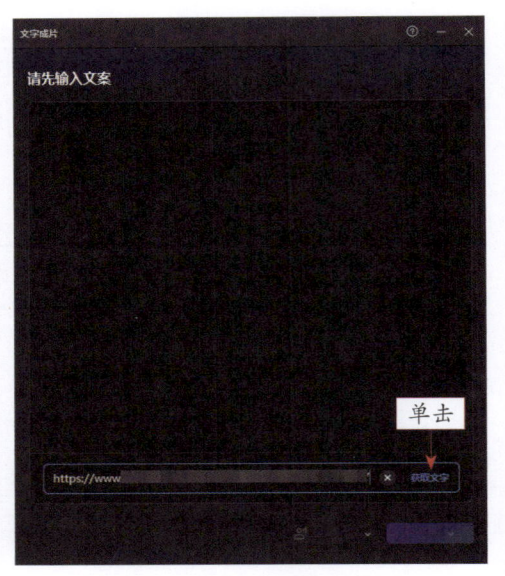　　　　图 4-35 单击"获取文字"按钮

STEP 03 调整获取的文本内容,设置朗读音色为"阳光男生",如图4-36所示。

STEP 04 单击"生成视频"按钮,在打开的"请选择成片方式"列表框中选择"智能匹配素材"选项,如图4-37所示。

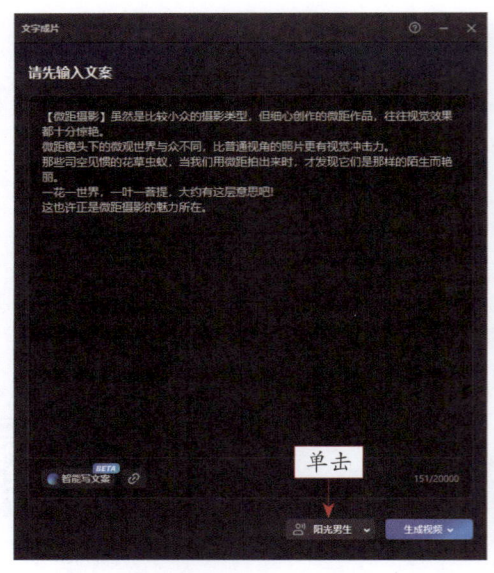

图 4-36 设置朗读音色为"阳光男生" 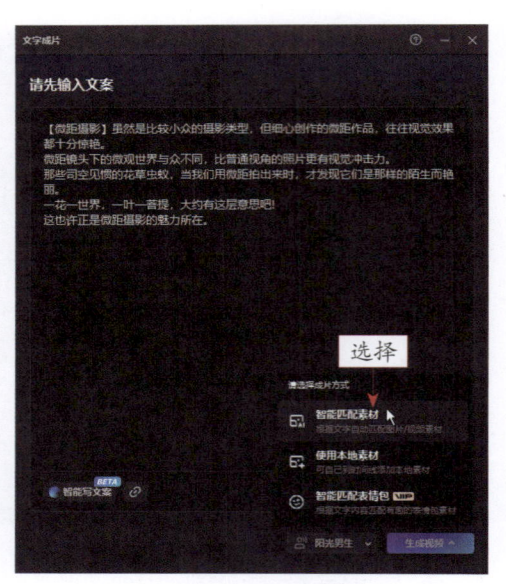　　　　图 4-37 选择"智能匹配素材"选项

STEP 05 执行操作后,即可开始生成视频。生成结束后,进入视频编辑界面,预览视频效果。选择第2段字幕,进入"文本"操作区中,在合适位置添加一个逗号,为字幕设置一种合适的字体,如图4-38所示。

STEP 06 用与上同样的方法，为相应的文本添加标点符号，以优化视频的字幕效果。单击界面右上角的"导出"按钮，如图4-39所示。

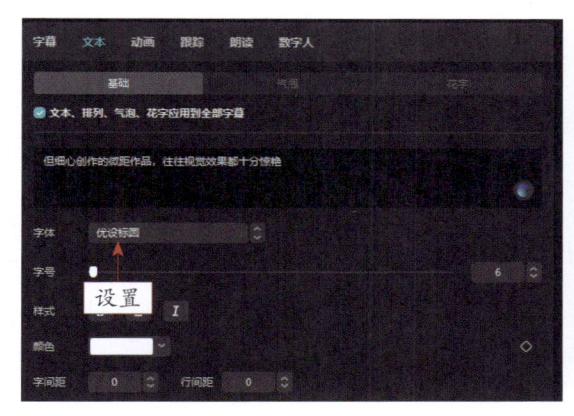

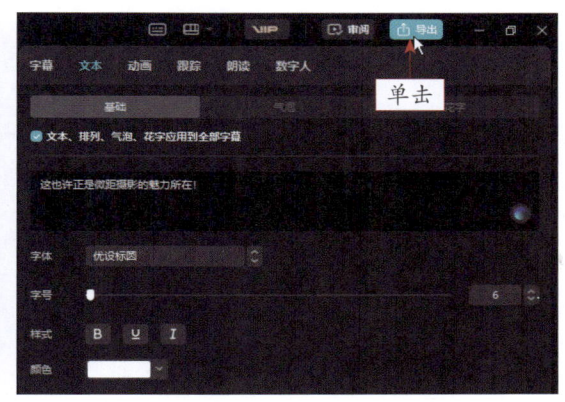

图4-38 设置字体

图4-39 单击"导出"按钮（1）

STEP 07 弹出"导出"对话框，设置视频的名称和保存位置，单击"导出"按钮，如图4-40所示。

STEP 08 执行操作后，即可开始导出视频，并显示导出进度，如图4-41所示。

图4-40 单击"导出"按钮（2）

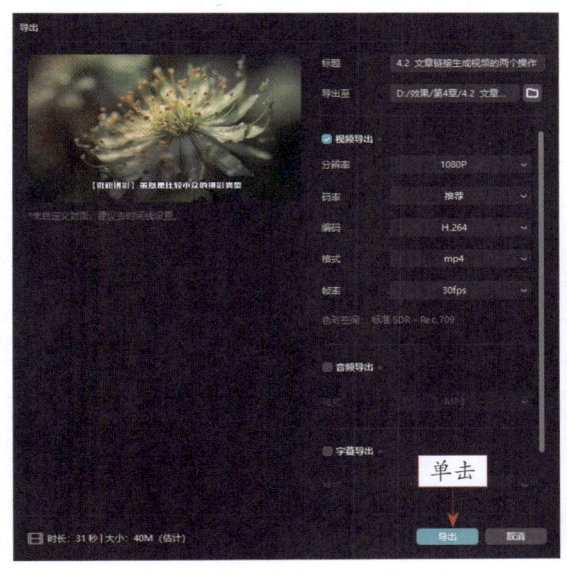

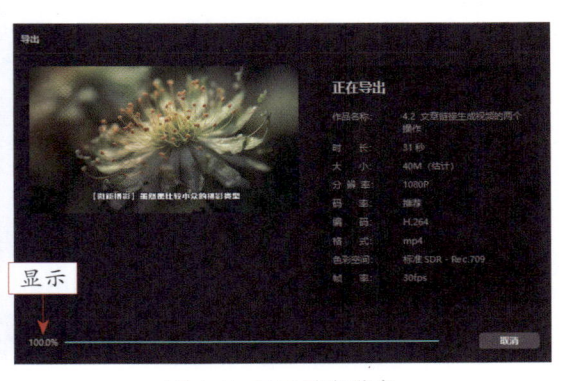

图4-41 显示导出进度

第 5 章
AIGC 图片智能生成视频

在剪映 App 中，用户可以利用 AIGC 技术，通过"图文成片"功能、"一键成片"功能、视频编辑功能和图片玩法功能，将图片智能生成视频。这些功能可以帮助用户更加便捷地将自己的创意转化为视频作品。

5.1 将图片生成视频的 2 种方式

由于"图文成片"功能默认情况下使用的都是网络素材，因此用户还可以自己准备一些与文案相关的素材进行替换，生成内容更加精准的视频作品。另外，利用"一键成片"功能可以让用户为图片素材快速套用模板，从而生成美观的视频效果。

5.1.1 方式 1：使用本地图片一键生成视频

【效果展示】：在剪映 App 中，当用户使用"图文成片"功能生成视频时，可以选择视频的生成方式，比如使用本地素材进行生成，这样就能获得比较特殊的视频效果，如图 5-1 所示。

图 5-1 效果展示

下面介绍在剪映 App 中使用本地图片生成视频的具体操作方法。

STEP 01 打开剪映 App，在首页点击"图文成片"按钮，如图 5-2 所示，即可进入"图文成片"界面。

STEP 02 点击文本框，进入"编辑内容"界面，输入视频文案，如图 5-3 所示，点击"完成编辑"按钮，返回"图文成片"界面。

STEP 03 在"请选择视频生成方式"选项区中，选择"使用本地素材"选项，如图 5-4 所示，点击"生成视频"按钮，即可开始生成视频，并显示进度。

STEP 04 生成结束后，进入预览界面，此时的视频只是一个框架，用户需要将自己的图片素材填充进去，点击视频轨道中的第 1 个"添加素材"按钮，如图 5-5 所示。

STEP 05 进入相应的界面，在"照片视频"|"照片"选项卡中，选择相应的图片，如图 5-6 所示，即可完成素材的填充。采用同样的方法，再填充两张素材。

STEP 06 由于"图文成片"功能生成的视频带有随机性,因此用户可以通过进一步的剪辑来优化视频效果。点击界面右上角的"导入剪辑"按钮,进入编辑界面,拖曳时间轴至相应位置,在视频轨道中选择第 1 段素材,在工具栏中点击"分割"按钮,如图 5-7 所示,即可将该段视频分割成两段。

图 5-2 点击"图文成片"按钮

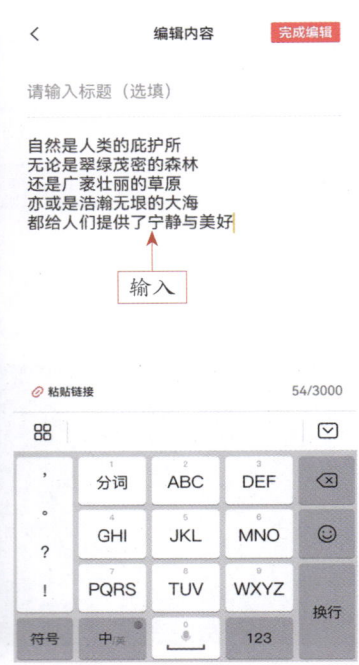

图 5-3 输入视频文案

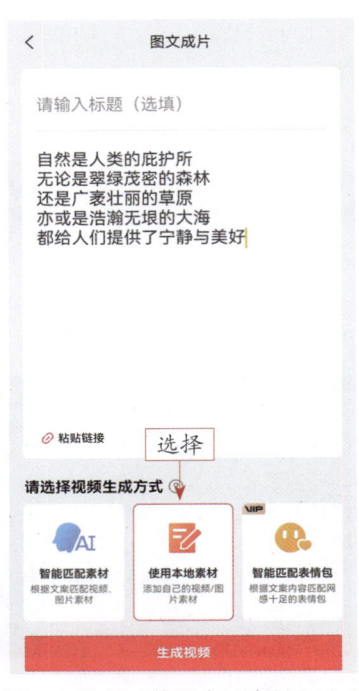

图 5-4 选择"使用本地素材"选项

图 5-5 点击"添加素材"按钮

图 5-6 选择相应的图片

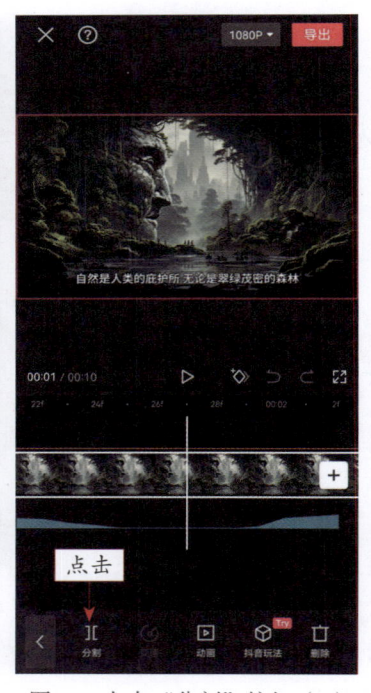

图 5-7 点击"分割"按钮(1)

STEP 07 在第 2 段素材的起始位置，选择第 1 段文本，在工具栏中点击"分割"按钮，如图 5-8 所示，对其进行分割。

STEP 08 执行操作后，弹出提示框，点击"确认"按钮，如图 5-9 所示，即可重新生成相应的朗读音频。

图 5-8 点击"分割"按钮（2） 　　图 5-9 点击"确认"按钮

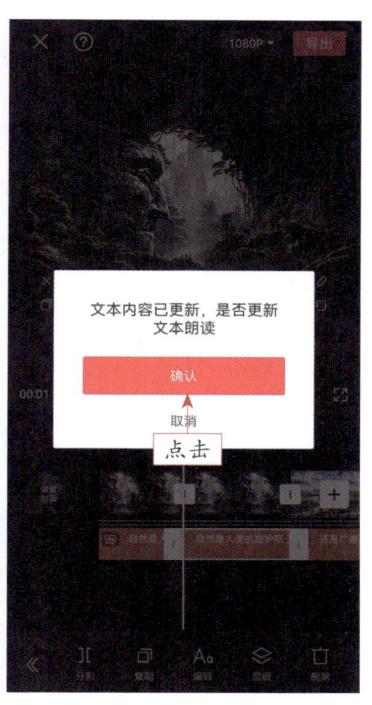

STEP 09 采用与上同样的方法，在适当位置对文本和素材进行分割，并调整文本时长。选择第 1 段文本，在工具栏中点击"编辑"按钮，如图 5-10 所示。

STEP 10 打开文字编辑面板，修改文字内容，在"字体"选项卡中更改文字字体，如图 5-11 所示，依次点击 ✓ 和"确认"按钮，重新生成朗读音频。

图 5-10 点击"编辑"按钮 　　图 5-11 更改文字字体

STEP 11 采用与上同样的方法，为其他文本设置相同的字体，并适当调整文本内容，如图5-12所示，让系统根据调整后的内容生成对应的朗读音频。

STEP 12 为了让视频效果更美观，用户可以对重复的素材片段进行替换，选择第2段素材，在工具栏中点击"替换"按钮，如图5-13所示。

图 5-12 调整其他文本内容　　　　图 5-13 点击"替换"按钮

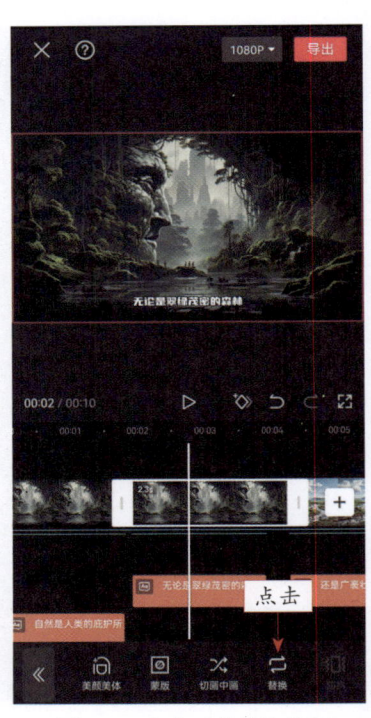

STEP 13 进入"照片视频"界面，在"照片"选项卡中选择相应的图片，如图5-14所示，即可完成素材的替换，并返回编辑界面。

STEP 14 采用与上同样的方法，对第4段素材进行替换，如图5-15所示。至此，完成图片生成视频的操作，点击"导出"按钮，将视频导出即可。

图 5-14 选择相应的图片　　　　图 5-15 替换素材

5.1.2 方式 2：运用 "一键成片" 功能快速套用模板

【效果展示】：在使用"一键成片"功能生成视频时，用户只需要选择要生成视频的图片素材，再选择一个喜欢的模板即可，效果如图 5-16 所示。

图 5-16 效果展示

下面介绍在剪映 App 中运用"一键成片"功能快速套用模板的具体操作方法。

STEP 01 在剪映 App 首页点击"一键成片"按钮，如图 5-17 所示。

STEP 02 执行操作后，进入"照片视频"界面，选择 4 张图片素材，如图 5-18 所示，点击"下一步"按钮，即可开始生成视频。

图 5-17 点击"一键成片"按钮　　图 5-18 选择 4 张图片素材

STEP 03 稍等片刻后，进入"选择模板"界面，用户可以在下方选择喜欢的模板，即可为素材套用模板并播放视频效果，如图 5-19 所示。

STEP 04 点击右上角的"导出"按钮，在弹出的"导出设置"对话框中点击"无水印保存并分享"按钮，如图 5-20 所示，即可将视频导出。

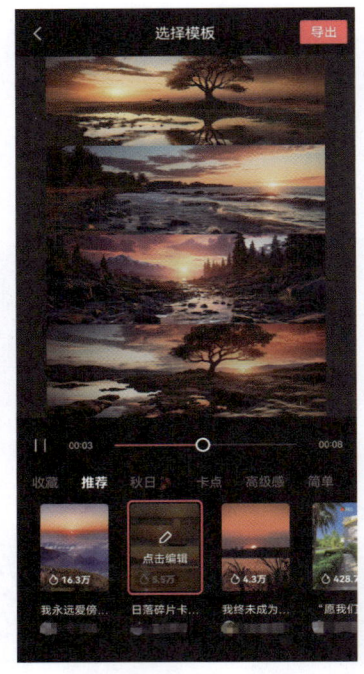

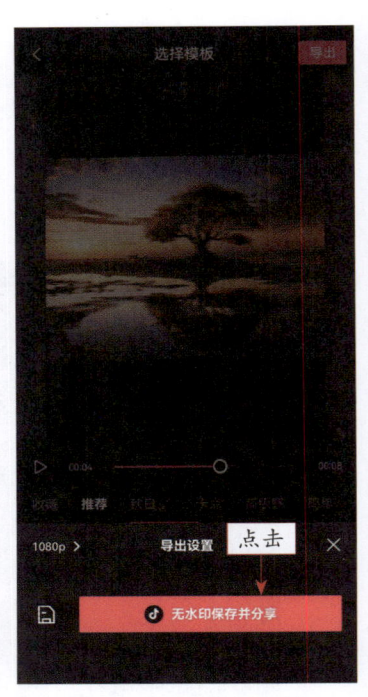

图 5-19 播放视频效果　　　　图 5-20 点击相应的按钮

5.2 将图片生成视频的 2 个技巧

用户将图片导入剪映后，就可以生成一个视频，然而这样生成的视频非常简单，美观度和可看性都不高，因此还需要用户运用剪映的视频编辑功能和"抖音玩法"功能进行美化和编辑，从而将图片制作成漂亮、有趣的视频。

5.2.1 技巧 1：运用编辑功能优化视频效果

【效果展示】：用户在剪映 App 中导入图片素材后，可以运用"音频""滤镜""特效"等视频编辑功能来优化视频，从而制作出个性化的效果，如图 5-21 所示。

图 5-21 效果展示

84

下面介绍在剪映 App 中运用编辑功能优化视频效果的具体操作方法。

STEP 01 在剪映 App 首页点击"开始创作"按钮，如图 5-22 所示。

STEP 02 进入"照片视频"界面，在"照片"选项卡中选择相应的图片素材，选择"高清"复选框，如图 5-23 所示，点击"添加"按钮，即可将素材按顺序导入到视频轨道中。

图 5-22 点击"开始创作"按钮　　　图 5-23 选择"高清"复选框

STEP 03 此时，点击"导出"按钮，可以导出视频，但为了让视频效果更美观，用户还可以为视频添加音乐、滤镜、特效和转场等。在工具栏中点击"音频"按钮，如图 5-24 所示。

STEP 04 进入"音频"工具栏，点击"提取音乐"按钮，如图 5-25 所示。

图 5-24 点击"音频"按钮　　　图 5-25 点击"提取音乐"按钮

STEP 05 进入"照片视频"界面,选择要提取音乐的视频,点击"仅导入视频的声音"按钮,如图 5-26 所示,即可将视频中的音频提取出来,并添加到音频轨道中。

STEP 06 点击第 1 段和第 2 段素材中间的 | 按钮,如图 5-27 所示。

STEP 07 打开"转场"面板,❶切换至"叠化"选项卡;❷选择"闪黑"转场效果,如图 5-28 所示,点击"全局应用"按钮,在剩余的素材之间添加相同的转场。

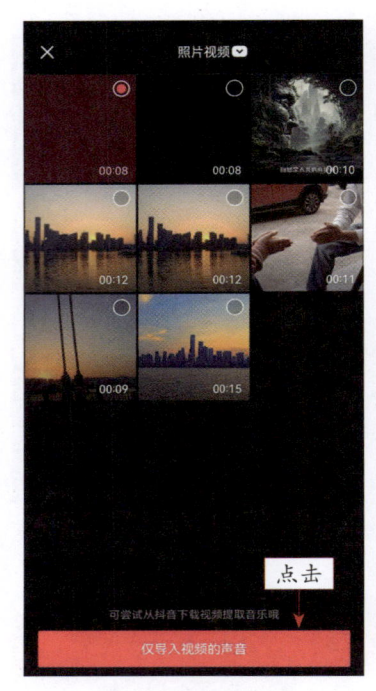

图 5-26 点击相应的按钮(1)　　图 5-27 点击相应的按钮(2)　　图 5-28 选择"闪黑"转场效果

STEP 08 选择背景音乐,在工具栏中点击"节拍"按钮,如图 5-29 所示。

STEP 09 打开"节拍"面板,拖曳时间轴至相应位置,点击"添加点"按钮,如图 5-30 所示,即可在音频上添加一个节拍点。

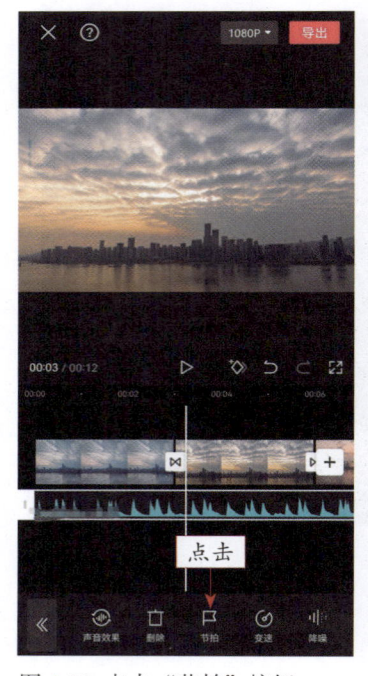

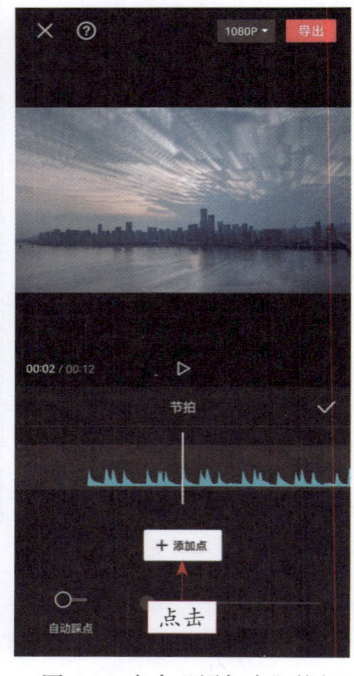

图 5-29 点击"节拍"按钮　　图 5-30 点击"添加点"按钮

第 5 章 AIGC 图片智能生成视频

STEP 10 采用与上同样的方法，在合适的位置再添加两个节拍点，如图 5-31 所示，以便根据音乐节拍来调整素材的时长。

STEP 11 拖曳素材右侧的白色拉杆，调整 4 段素材的时长，使其结束位置分别对准相应的节拍点和音频结束位置，如图 5-32 所示。

STEP 12 拖曳时间轴至视频起始位置，在工具栏中点击"特效"按钮，如图 5-33 所示。

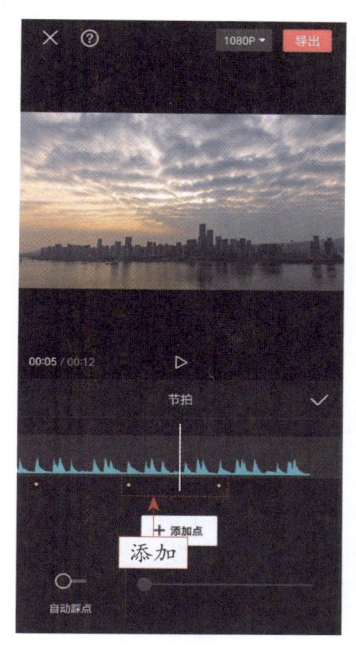

图 5-31 再添加两个节拍点　　图 5-32 调整素材时长　　图 5-33 点击"特效"按钮

STEP 13 进入"特效"工具栏，点击"画面特效"按钮，如图 5-34 所示。

STEP 14 进入特效素材库，切换至"基础"选项卡，选择"变彩色"特效，如图 5-35 所示，添加第 1 个特效，制作出画面由黑白变成彩色的效果。

图 5-34 点击"画面特效"按钮　　图 5-35 选择"变彩色"特效

87

STEP 15 拖曳"变彩色"特效右侧的白色拉杆,将特效的时长调整为与第 1 段素材的时长一致,在工具栏中点击"调整参数"按钮,如图 5-36 所示。

STEP 16 打开"调整参数"面板,拖曳滑块,设置"变化速度"为 85,如图 5-37 所示,加快画面由黑白变成彩色的速度。

STEP 17 拖曳时间轴至视频起始位置,点击"画面特效"按钮,在"基础"选项卡中选择"变清晰"特效,如图 5-38 所示,添加第 2 个特效。

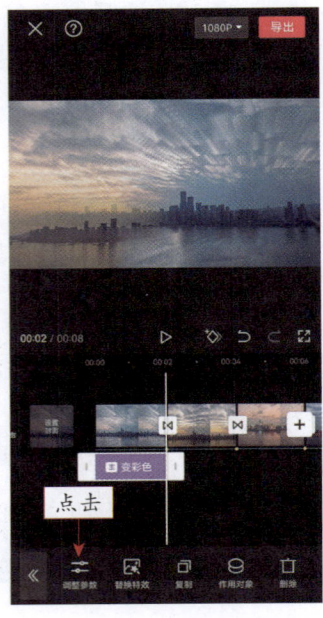

图 5-36 点击"调整参数"按钮　　图 5-37 设置相应的参数　　图 5-38 选择"变清晰"特效

STEP 18 调整"变清晰"特效的时长,并在后面添加一个"氛围"选项卡中的"星火炸开"特效,调整"星火炸开"特效的位置和时长,如图 5-39 所示。

STEP 19 选择"变彩色"特效,在工具栏中点击"复制"按钮,如图 5-40 所示,将其复制一份,并调整其位置和时长。

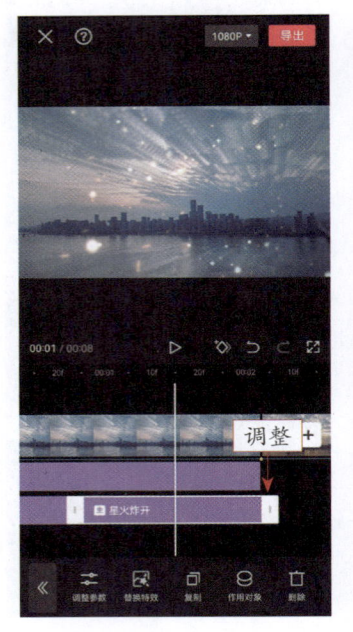

图 5-39 调整特效的位置和时长(1)　　图 5-40 点击"复制"按钮

第 5 章 AIGC 图片智能生成视频

STEP 20 采用与上同样的方法，再复制几段"变彩色"特效、"变清晰"特效和"星火炸开"特效，并调整它们的位置和时长，如图 5-41 所示。

STEP 21 拖曳时间轴至视频起始位置，在工具栏中点击"滤镜"按钮，如图 5-42 所示。

图 5-41 调整特效的位置和时长（2）　　图 5-42 点击"滤镜"按钮

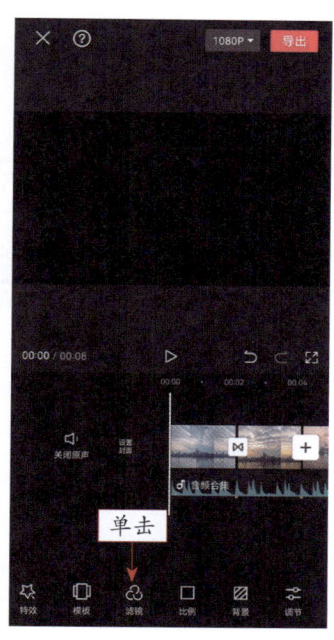

STEP 22 打开相应的面板，在"滤镜"|"风景"选项卡中，选择"绿妍"滤镜，如图 5-43 所示，即可为视频添加一个滤镜。

STEP 23 拖曳"绿妍"滤镜右侧的白色拉杆，将其时长调整为与视频时长一致，如图 5-44 所示，即可将滤镜效果作用到所有片段。至此，完成视频的制作。

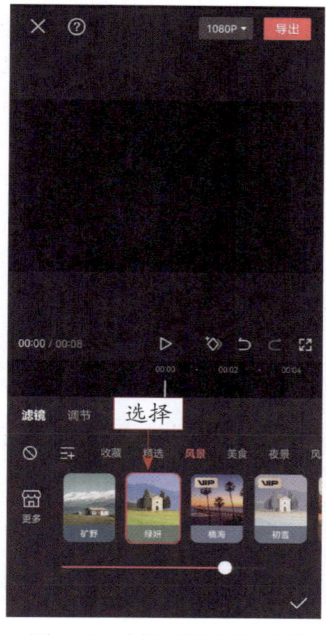

图 5-43 选择"绿妍"滤镜　　图 5-44 调整滤镜时长

5.2.2 技巧 2：添加图片玩法制作油画视频

扫码看视频

【效果展示】：剪映 App 的图片玩法功能可以为图片添加不同的趣味玩法，例如根据一张图片即可生成对应的油画创作过程，效果如图 5-45 所示。

图 5-45 效果展示

下面介绍在剪映 App 中添加图片玩法制作油画视频的具体操作方法。

STEP 01 在剪映 App 中导入一张图片素材，选择素材，在工具栏中点击"复制"按钮，如图 5-46 所示，将图片素材复制一份。

STEP 02 选择第 1 段素材，在工具栏中点击"抖音玩法"按钮，如图 5-47 所示。

STEP 03 打开"抖音玩法"面板，在"场景变换"选项卡中选择"油画玩法"选项，如图 5-48 所示，即可根据图片生成一段油画的创作过程。

图 5-46 点击"复制"按钮　　图 5-47 点击"抖音玩法"按钮　　图 5-48 选择"油画玩法"选项

STEP 04 拖曳第 1 段素材右侧的白色拉杆，将其时长调整为 4.9s，如图 5-49 所示。

STEP 05 点击第 1 段和第 2 段素材中间的 Ⅰ 按钮，如图 5-50 所示。

STEP 06 打开"转场"面板，在"光效"选项卡中选择"泛光"转场效果，如图 5-51 所示，在第 1 段和第 2 段素材之间添加一个转场。

图 5-49 调整素材时长（1）　　图 5-50 点击相应的按钮（1）　　图 5-51 选择"泛光"转场效果

STEP 07 拖曳时间轴至视频起始位置，依次点击"音频"按钮和"提取音乐"按钮，如图 5-52 所示。

STEP 08 进入"照片视频"界面，选择要提取音乐的视频，点击"仅导入视频的声音"按钮，如图 5-53 所示，为视频添加背景音乐。

图 5-52 点击"提取音乐"按钮　　图 5-53 点击相应的按钮（2）

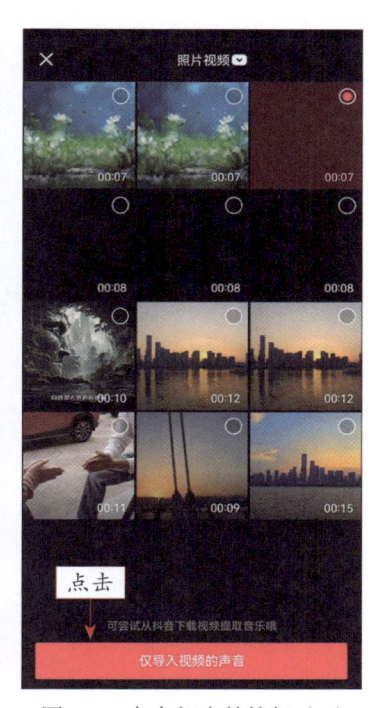

STEP 09 拖曳第 2 段素材右侧的白色拉杆，调整其时长，使其结束位置对齐背景音乐的结束位置，如图 5-54 所示。

STEP 10 在工具栏中点击"滤镜"按钮，如图 5-55 所示。

STEP 11 打开相应的面板，在"滤镜"|"风景"选项卡中选择"绿妍"滤镜，如图 5-56 所示，为第 2 段素材添加一个滤镜。

图 5-54 调整素材时长（2）   图 5-55 点击"滤镜"按钮   图 5-56 选择"绿妍"滤镜

STEP 12 拖曳时间轴至第 2 段素材的起始位置，依次点击"特效"按钮和"画面特效"按钮，如图 5-57 所示。

STEP 13 进入特效素材库，在"氛围"选项卡中选择"星火炸开"特效，如图 5-58 所示，为第 2 段素材添加一个特效。

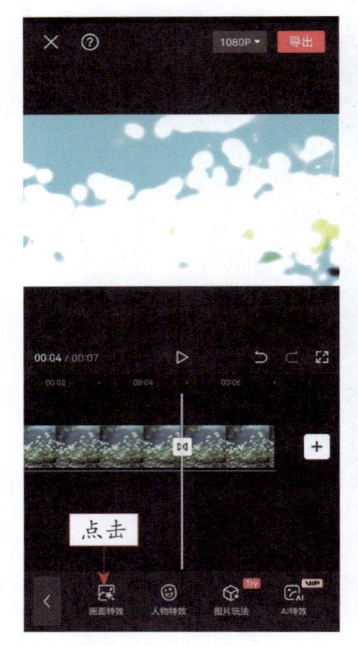

图 5-57 点击"画面特效"按钮   图 5-58 选择"星火炸开"特效

第 5 章 AIGC 图片智能生成视频

STEP 14 在第 2 段素材的起始位置点击"文字"按钮，如图 5-59 所示。

STEP 15 进入"文字"工具栏，点击"文字模板"按钮，如图 5-60 所示。

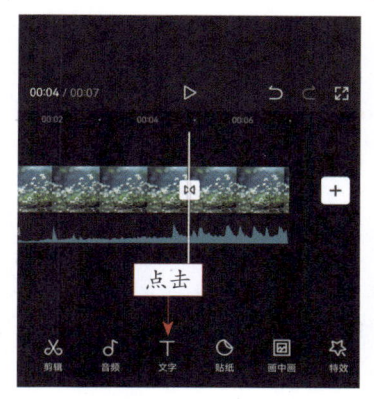

图 5-59 点击"文字"按钮

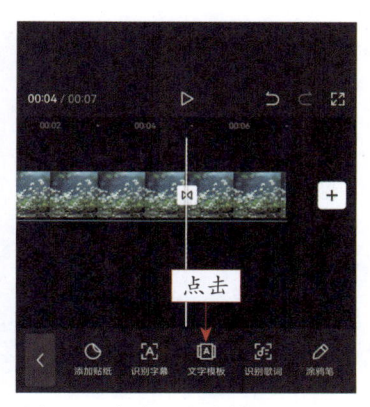

图 5-60 点击"文字模板"按钮

STEP 16 在"文字模板"|"片头标题"选项卡中选择一个合适的模板，如图 5-61 所示。

STEP 17 在预览区域调整文字模板的大小和位置，在视频轨道中调整文字模板的时长，如图 5-62 所示，即可完成视频的制作。

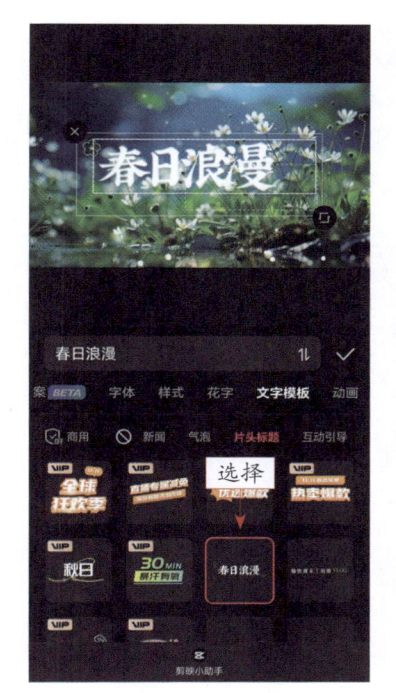

图 5-61 选择文字模板

图 5-62 调整文字模板的时长

93

第 6 章
AIGC 视频智能生成视频

在数字时代，用户常常面临这样一个问题：拥有大量视频素材，但不知道如何将它们制作成引人注目的视频效果，或者制作出来的视频效果并不令人满意。如今，随着 AIGC 技术的发展，无须耗费大量时间和资源，用户就可以使用具备 AIGC 技术的软件，通过套用模板和素材包，即可快速生成专业、精美的视频效果。

6.1 运用模板功能的 2 个方法

剪映电脑版的"模板"功能非常强大，用户只需要选择喜欢的模板，然后导入相应的素材，即可生成同款视频效果。在剪映电脑版中，用户可以在"模板"面板中筛选模板，也可以从视频编辑界面的"模板"功能区的"模板"选项卡中搜索模板。

6.1.1 方法 1：从"模板"面板中筛选模板

【效果展示】：用户在"模板"面板中挑选模板时，可以通过设置筛选条件来找到需要的模板，提高用剪映自动生成视频的效率，效果如图 6-1 所示。

图 6-1 效果展示

下面介绍在剪映电脑版中从"模板"面板中筛选模板生成视频的具体操作方法。

STEP 01 打开剪映电脑版，在首页单击"模板"按钮，如图 6-2 所示。

图 6-2 单击"模板"按钮

STEP 02 执行操作后，进入"模板"面板，单击"画幅比例"选项右侧的下拉按钮，在打开

95

的下拉列表框中选择"横屏"选项,如图 6-3 所示,筛选横屏的视频模板。

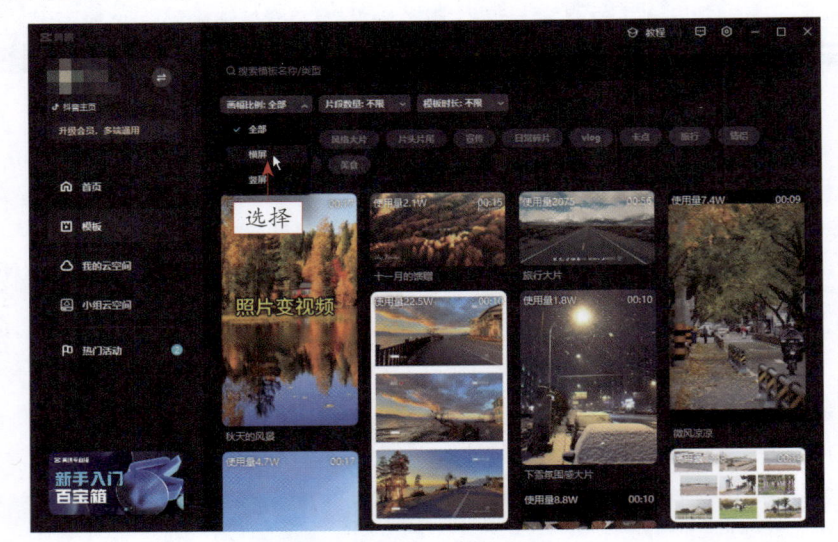

图 6-3 选择"横屏"选项

STEP 03 采用与上同样的方法,设置"片段数量"为 2、"模板时长"为"0-15 秒",在"推荐"选项卡中选择喜欢的视频模板,如图 6-4 所示。

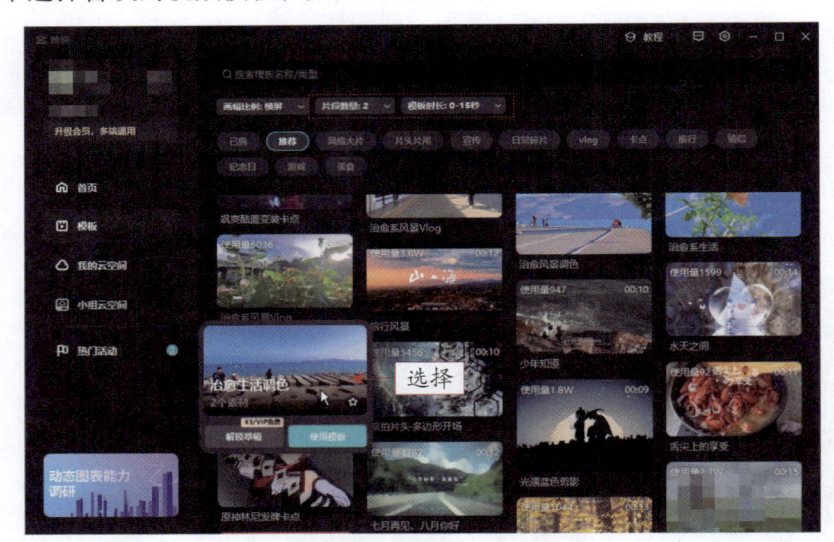

图 6-4 选择喜欢的视频模板

STEP 04 执行操作后,打开模板预览面板,用户可以预览模板效果。如果觉得满意,可单击"使用模板"按钮,如图 6-5 所示。

STEP 05 稍等片刻,即可进入模板编辑界面,在视频轨道中单击第 1 段素材缩略图中的 ➕ 按钮,如图 6-6 所示。

STEP 06 弹出"请选择媒体资源"对话框,选择相应的视频素材,单击"打开"按钮,如图 6-7 所示,即可将第 1 段素材导入到视频轨道中,并套用模板效果。

STEP 07 采用与上同样的方法,导入第 2 段素材,如图 6-8 所示。

STEP 08 用户可以在"播放器"面板中查看生成的视频效果,如果觉得满意,单击界面右上角的"导出"按钮,如图 6-9 所示,将其导出即可。

图 6-5 单击"使用模板"按钮

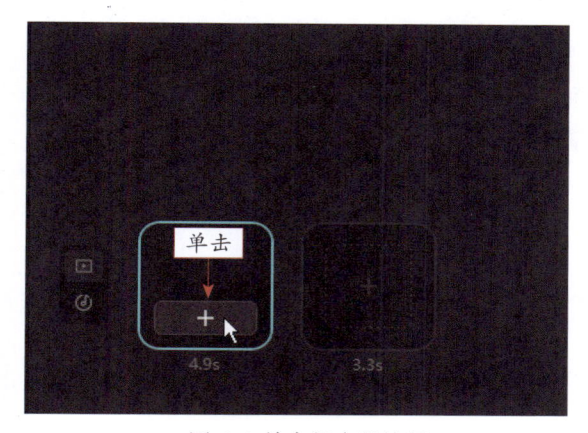

图 6-6 单击相应的按钮

图 6-7 单击"打开"按钮

图 6-8 导入第 2 段素材

图 6-9 单击"导出"按钮

6.1.2 方法 2:从"模板"选项卡中搜索模板

扫码看视频

【效果展示】:在视频编辑界面中,用户可以先导入素材,再在"模板"功能区的"模板"选项卡中通过搜索来挑选喜欢的视频模板,并自动套用模板效果,如图 6-10 所示。

97

图 6-10 效果展示

下面介绍在剪映电脑版中从"模板"选项卡中搜索模板生成视频的具体操作方法。

STEP 01 打开剪映电脑版，在首页单击"开始创作"按钮，进入视频编辑界面，单击"媒体"功能区中的"导入"按钮，如图 6-11 所示。

STEP 02 弹出"请选择媒体资源"对话框，选择相应的视频素材，单击"打开"按钮，如图 6-12 所示，即可将视频素材导入到"媒体"功能区中。

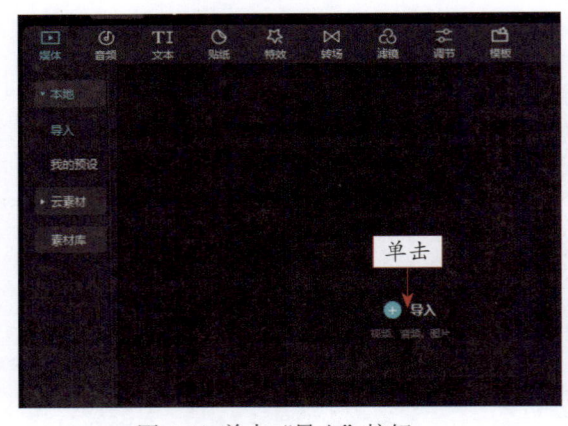

图 6-11 单击"导入"按钮　　　　图 6-12 单击"打开"按钮

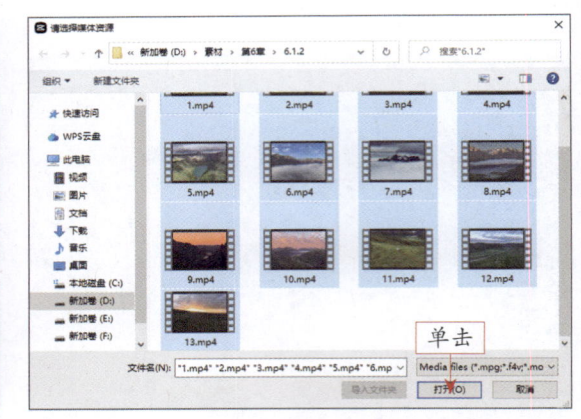

STEP 03 切换至"模板"功能区，在"模版"选项卡的搜索框中输入模板关键词，按【Enter】键即可进行搜索。在搜索结果中，单击相应视频模板右下角的"添加到轨道"按钮，如图 6-13 所示，将视频模板添加到视频轨道中。

STEP 04 在视频轨道中，单击视频模板缩略图上的"替换素材"按钮，如图 6-14 所示。

STEP 05 进入模板编辑界面，全选所有素材，单击第 1 段素材右下角的"添加到轨道"按钮，即可套用视频模板，如图 6-15 所示。单击"导出"按钮，将视频导出保存即可。

图 6-13 单击"添加到轨道"按钮　　　　图 6-14 单击"替换素材"按钮

图 6-15 套用视频模板

6.2 添加素材包的 2 个操作

素材包是剪映提供的一种局部模板，一个素材包通常包括特效、音频、文字和滤镜等素材。与完整的视频模板相比，素材包模板的时长通常比较短，更适合用来制作片头、片尾，以及为视频中的某个片段增加趣味性元素，让视频编辑变得更加智能。

6.2.1 操作 1：添加片头素材包

【效果展示】：剪映电脑版中提供了多种类型的素材包，用户可以为素材添加一个片头素材包来快速制作出片头效果，如图 6-16 所示。

图 6-16 效果展示

99

下面介绍在剪映电脑版中添加片头素材包的具体操作方法。

STEP 01 在剪映电脑版中导入一段视频素材，并将其添加到视频轨道中，如图 6-17 所示。

STEP 02 切换至"模板"功能区，展开"素材包"|"片头"选项卡，单击相应素材包右下角的"添加到轨道"按钮 ⊕，如图 6-18 所示，为视频添加一个片头素材包。

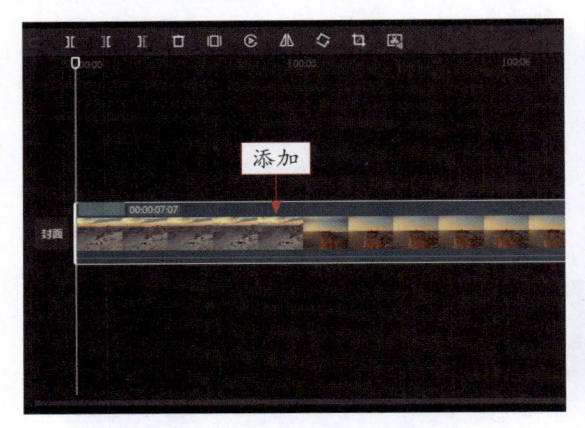

图 6-17 将素材添加到视频轨道

图 6-18 单击"添加到轨道"按钮

STEP 03 在音频轨道上双击素材包自带的音乐，将其时长调整为与视频时长一致，如图 6-19 所示，完成片头视频的制作。

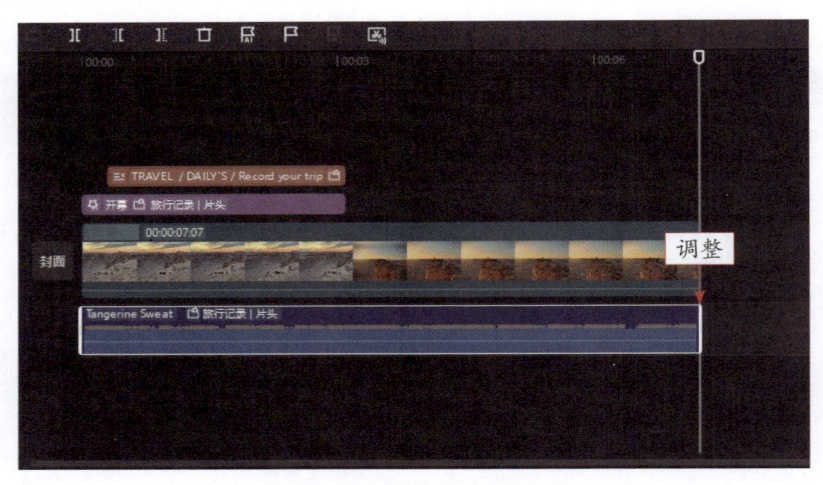

图 6-19 调整音乐时长

▶ 专家指点

素材包中的所有素材都是一个整体，用户在正常状态下只能进行整体的调整和删除。如果用户想单独对某个素材进行调整，只需双击该元素即可。

6.2.2 操作 2：添加片尾素材包

扫码看视频

【效果展示】：当用户为视频添加片尾素材包后，可以删除素材包中的某个素材，并手动添加合适的同类素材，效果如图 6-20 所示。

图 6-20 效果展示

下面介绍在剪映电脑版中添加片尾素材包的具体操作方法。

STEP 01 在剪映电脑版中导入一段视频素材,并将其添加到视频轨道中。切换至"模板"功能区,展开"素材包"|"片尾"选项卡,单击相应素材包右下角的"添加到轨道"按钮⊕,如图 6-21 所示,为视频添加一个片尾素材包。

STEP 02 调整素材包的整体位置,使其结束位置对准视频的结束位置,如图 6-22 所示。

图 6-21 单击"添加到轨道"按钮(1) 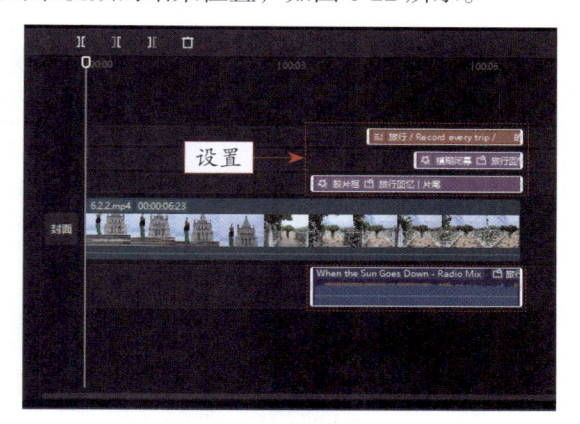　　图 6-22 调整素材包的整体位置

STEP 03 双击"胶片框"特效,将其单独选中,单击"删除"按钮▫,如图 6-23 所示。

STEP 04 删除特效后,切换至"特效"功能区,在"画面特效"|"边框"选项卡中,单击"录制边框"特效右下角的"添加到轨道"按钮⊕,如图 6-24 所示,添加一个新的特效。

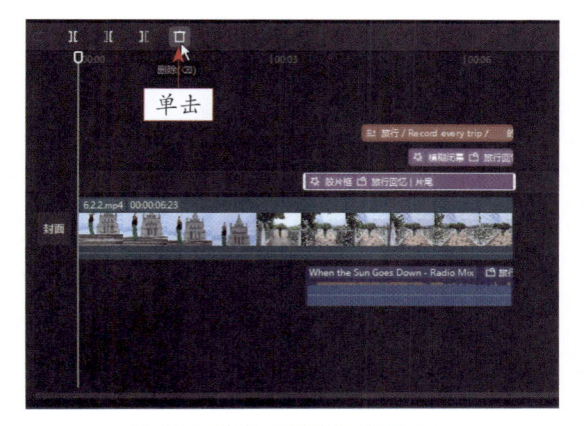

图 6-23 单击"删除"按钮(1) 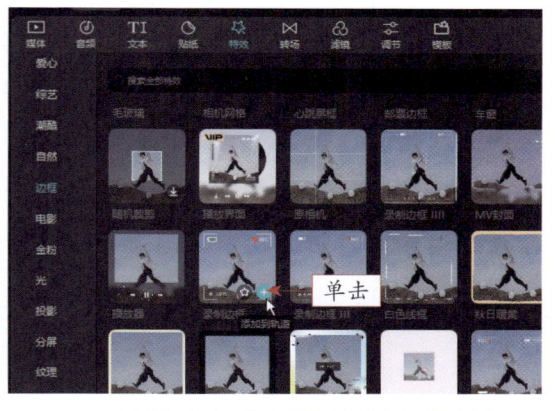　　图 6-24 单击"添加到轨道"按钮(2)

101

STEP 05 调整"录制边框"特效的时长，使其结束位置对准文本的起始位置，如图6-25所示。

STEP 06 双击音效，即可选中素材包自带的音效，单击"删除"按钮，如图6-26所示，将其删除。

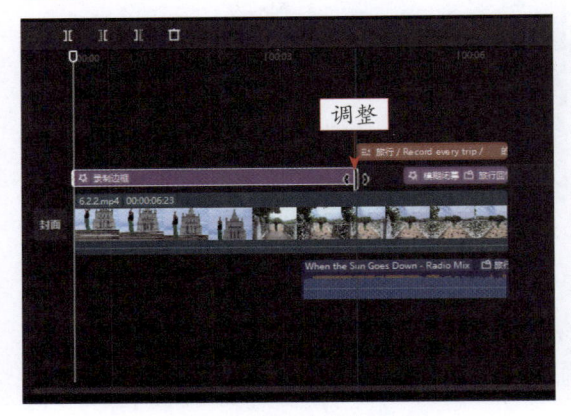

图6-25 调整特效的时长　　　　　　　　图6-26 单击"删除"按钮（2）

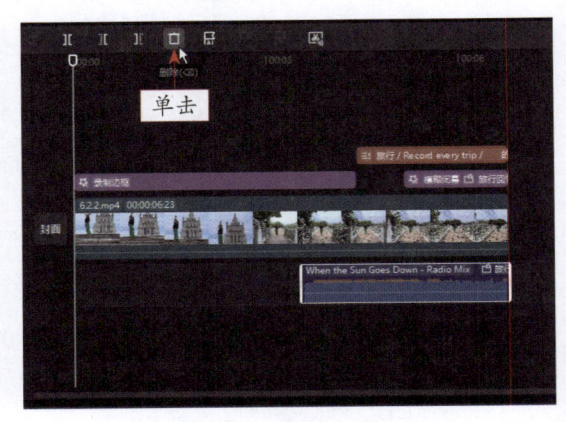

STEP 07 切换至"音频"功能区，在"音乐素材"|"旅行"选项卡中单击相应音乐右下角的"添加到轨道"按钮，如图6-27所示，为视频添加新的背景音乐。

STEP 08 拖曳时间轴至视频结束位置，单击"向右裁剪"按钮，如图6-28所示，即可自动分割并删除多余的音频片段。

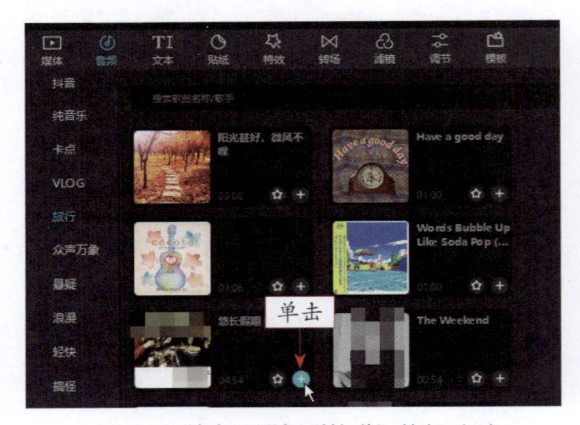

图6-27 单击"添加到轨道"按钮（3）　　　图6-28 单击"向右裁剪"按钮

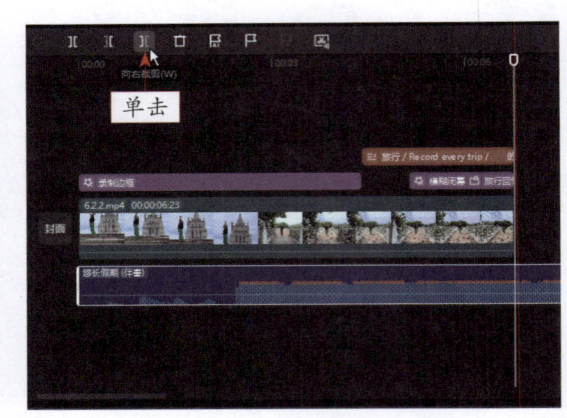

智能剪辑篇

第 7 章
AIGC 文本生成视频剪辑处理

　　利用腾讯智影和一帧秒创的 AIGC 技术，用户可以将文本快速转换为视频，并且可以对生成的视频进行剪辑处理。此外，用户还可以借助 ChatGPT 生成视频文案，借助 Midjourney 生成图片素材、优化视频效果，让视频制作更加便捷、高效。

7.1 腾讯智影文本生成视频的 3 大技巧

利用腾讯智影的"文章转视频"功能，可以通过 AI 创作功能将用户提供的文案包装成视频。本章主要介绍在腾讯智影中用文本生成视频的 3 大技巧，包括借助 AI 创作生成文案和视频、借助 ChatGPT 生成文案和视频、借助 ChatGPT + Midjourney 生成文案和视频。

7.1.1 技巧 1：借助 AI 创作生成文案和视频

腾讯智影为了满足用户的创作需求，提供了"文章转视频"功能来帮助用户快速生成视频，而为了降低文案创作的门槛，"文章转视频"功能还支持 AI 创作，用户可以借助 AI 创作视频文案，再生成相应的视频。

1. AI 创作视频文案

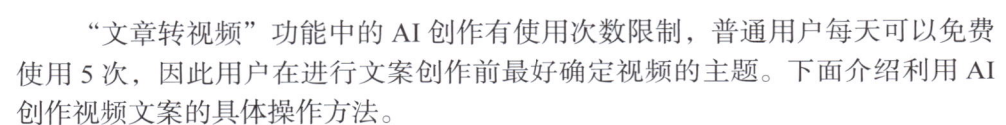

"文章转视频"功能中的 AI 创作有使用次数限制，普通用户每天可以免费使用 5 次，因此用户在进行文案创作前最好确定视频的主题。下面介绍利用 AI 创作视频文案的具体操作方法。

STEP 01 在浏览器中搜索并进入腾讯智影官网，在页面中单击"智影 AI 智能创作工具"下方的"立即体验"按钮，如图 7-1 所示。

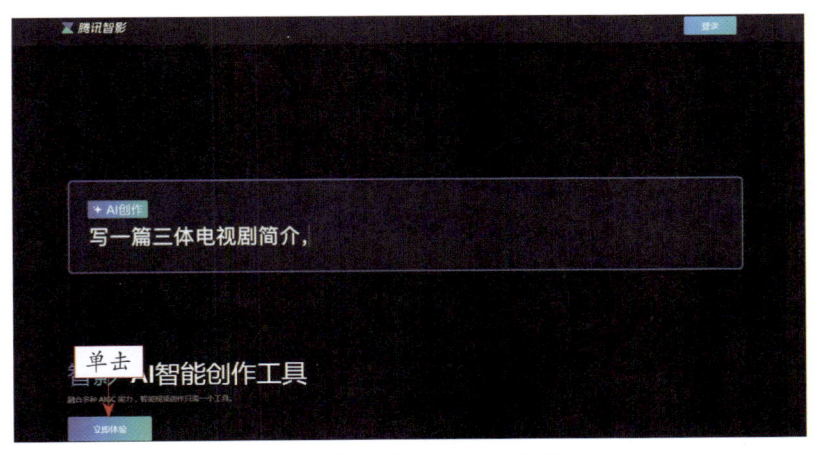

图 7-1 单击"立即体验"按钮

> **专家指点**
>
> 以微信登录为例，用户需要打开微信 App，点击首页右上角的 ⊕ 按钮，在打开的下拉列表框中选择"扫一扫"选项，进入"扫一扫"界面，将手机摄像头对准二维码进行扫描，并根据指示进行操作，即可完成登录。

STEP 02 执行操作后，弹出"微信登录"对话框，如图 7-2 所示，腾讯智影支持微信、手机号、QQ 和账号密码 4 种登录方式，用户可以随意选择。

STEP 03 登录完成后，进入腾讯智影"创作空间"页面，在"智能小工具"选项区中，单击"文章转视频"按钮,如图 7-3 所示。

图 7-2 "微信登录"对话框

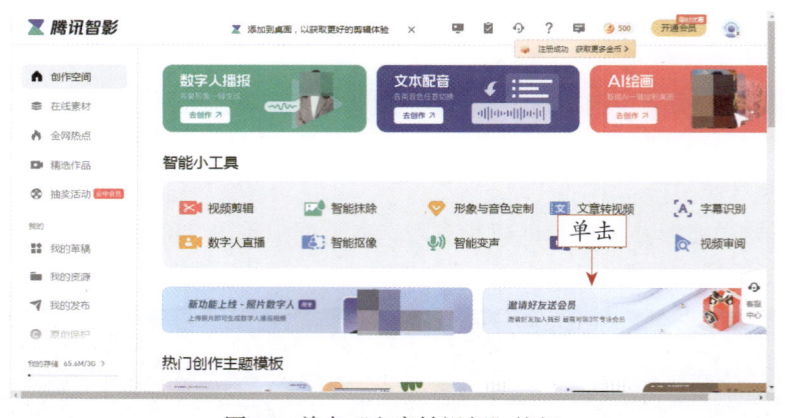

图 7-3 单击"文章转视频"按钮

STEP 04 执行操作后,进入"文章转视频"页面,在"请帮我写一篇文章,主题是"下方的文本框中输入文案主题,单击右侧的"AI 创作"按钮,如图 7-4 所示。

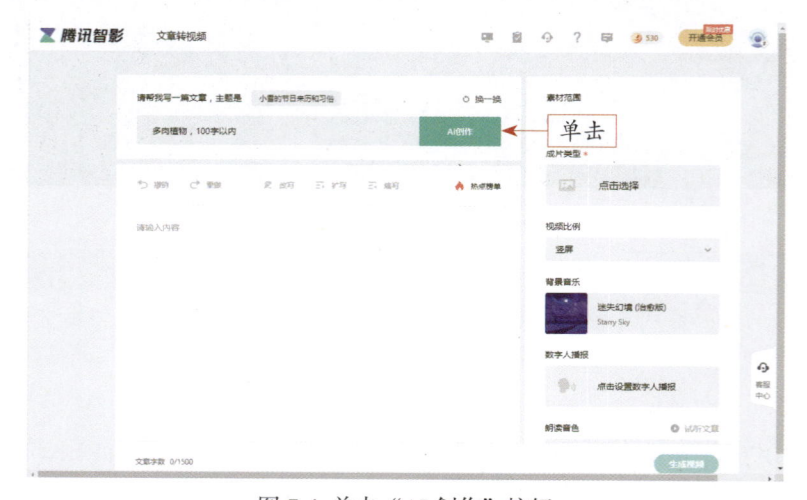

图 7-4 单击"AI 创作"按钮

STEP 05 执行操作后，弹出创作进度提示框，稍等片刻，即可查看生成的视频文案，如图 7-5 所示。

图 7-5 查看生成的视频文案

> **专家指点**
>
> 　　由于 AI 还处于成长阶段，因此生成的文案可能会出现不符合要求的情况，例如要求字数在 100 字以内，但文案字数超过了 100 字。遇到这种情况时，用户可以借助 AI 对已经生成的文案进行改写、扩写和缩写，还可以手动对文案内容进行调整和修改。如果用户对生成的文案不满意，还可以单击"撤销"按钮，撤回生成的文案，再重新生成。

2. 用"文章转视频"功能生成视频

【**效果展示**】：在"文章转视频"页面中，用户通过 AI 创作撰写好视频文案后，就可以利用文案直接生成视频，效果如图 7-6 所示。

图 7-6 效果展示

107

图 7-6 效果展示（续）

下面介绍在腾讯智影中运用"文章转视频"功能生成视频的具体操作方法。

STEP 01 生成文案后，用户在"文章转视频"页面中还可以对视频的成片类型、视频比例、背景音乐、数字人播报和朗读音色进行设置，例如在"朗读音色"选项区中，单击显示的朗读音色头像，如图 7-7 所示。

图 7-7 单击显示的朗读音色头像

STEP 02 执行操作后，弹出"朗读音色"对话框，在"全部场景"选项卡中选择"云依"音色，单击"确定"按钮，如图 7-8 所示，即可更改视频的朗读音色。

STEP 03 单击页面右下角的"生成视频"按钮，开始自动生成视频并显示生成进度。稍等片刻，即可进入视频编辑页面，查看视频效果，如图 7-9 所示。

图 7-8 单击"确定"按钮

图 7-9 查看视频效果

STEP 04 如果用户对视频效果很满意,可以单击页面上方的"合成"按钮,在弹出的"合成设置"对话框中修改视频名称,保持其他设置不变,单击"合成"按钮,如图 7-10 所示。

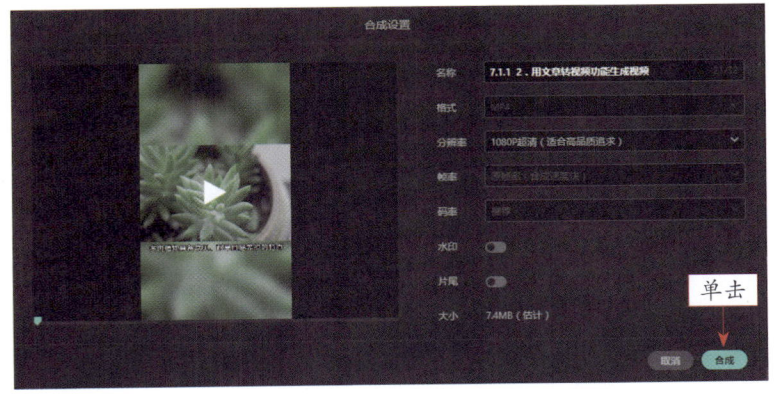

图 7-10 单击"合成"按钮

109

STEP 05 执行操作后，进入"我的资源"页面，视频缩略图上会显示合成进度。合成结束后，将鼠标移动至视频缩略图上，单击下载按钮 ⬇，如图 7-11 所示。

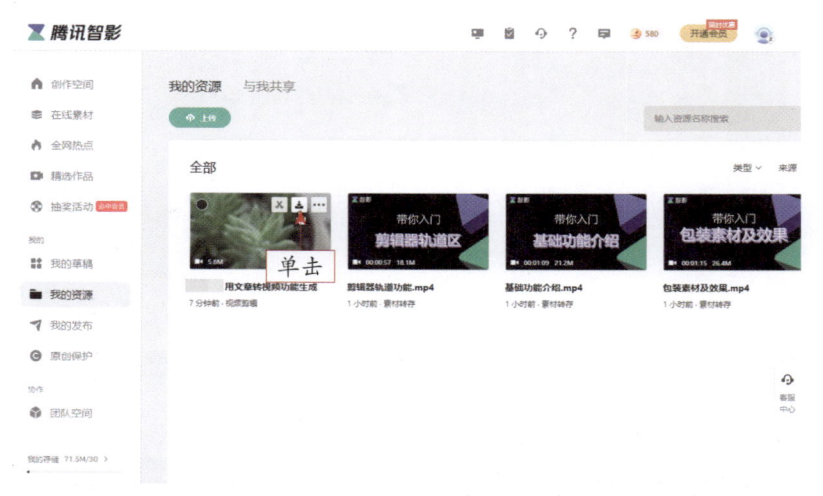

图 7-11 单击相应的按钮

STEP 06 执行操作后，弹出"新建下载任务"对话框，单击"下载"按钮，如图 7-12 所示，即可将视频下载到本地文件夹中。

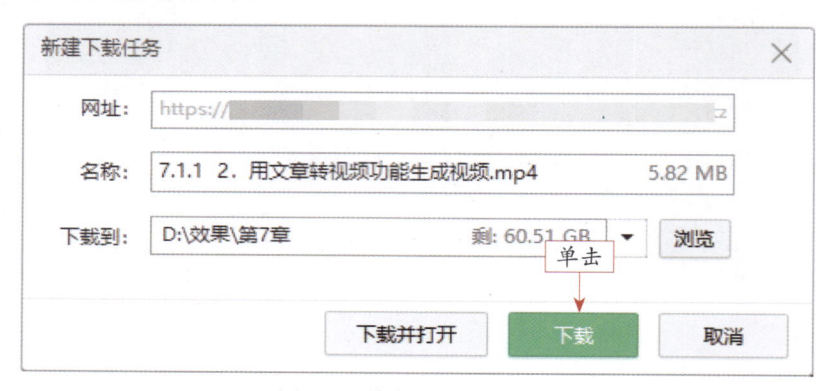

图 7-12 单击"下载"按钮

7.1.2 技巧 2：借助 ChatGPT 生成文案和视频

除了用腾讯智影自带的 AI 生成文案，用户也可以先使用 ChatGPT 生成视频文案，再将生成的文案复制并粘贴至"文章转视频"页面的文本框中，最后生成视频即可。本节介绍用 ChatGPT 生成文案并用腾讯智影生成视频的操作方法。

1. 用 ChatGPT 生成文案

在使用 ChatGPT 生成视频文案时，用户可以先试探 ChatGPT 对关键词的了解程度，再让 ChatGPT 根据关键词生成对应的文案，具体操作方法如下。

STEP 01 打开 ChatGPT 的聊天窗口，单击底部的输入框中输入"你了解企鹅吗？"，按【Enter】

第 7 章 AIGC 文本生成视频剪辑处理

键发送，即可获得 ChatGPT 的回复，如图 7-13 所示。

图 7-13 ChatGPT 关于企鹅的回复

STEP 02 在输入框中继续输入"以'企鹅'为主题，创作一篇短视频文案"，按【Enter】键，ChatGPT 即可根据该要求生成一篇文案，如图 7-14 所示。

图 7-14 ChatGPT 生成相应的文案

STEP 03 至此，ChatGPT 的工作就完成了，选择 ChatGPT 回复的文案内容，单击鼠标右键，在弹出的快捷菜单中选择"复制"命令，如图 7-15 所示，复制 ChatGPT 的文案内容，将其保存在文档中，并根据需求进行适当的修改。

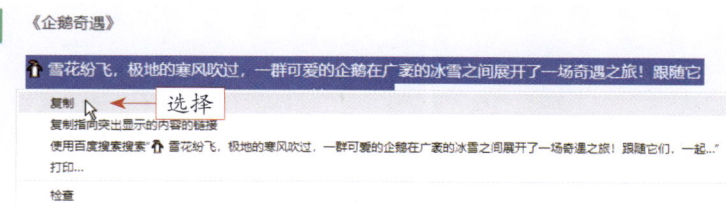

图 7-15 选择"复制"命令

111

2. 粘贴文案并生成视频

【**效果展示**】：用户对 ChatGPT 创作的文案进行修改后，复制并粘贴至腾讯智影的相应文本框中，单击"生成视频"按钮，稍等片刻，即可完成视频的制作，效果如图 7-16 所示。

图 7-16 效果展示

下面介绍在腾讯智影中粘贴文案并生成视频的具体操作方法。

STEP 01 将 ChatGPT 创作的文案修改后进行复制，进入腾讯智影的"文章转视频"页面，在文本框的空白位置上单击鼠标右键，在弹出的快捷菜单中选择"粘贴"命令，如图 7-17 所示，即可将复制的文案粘贴至文本框中。

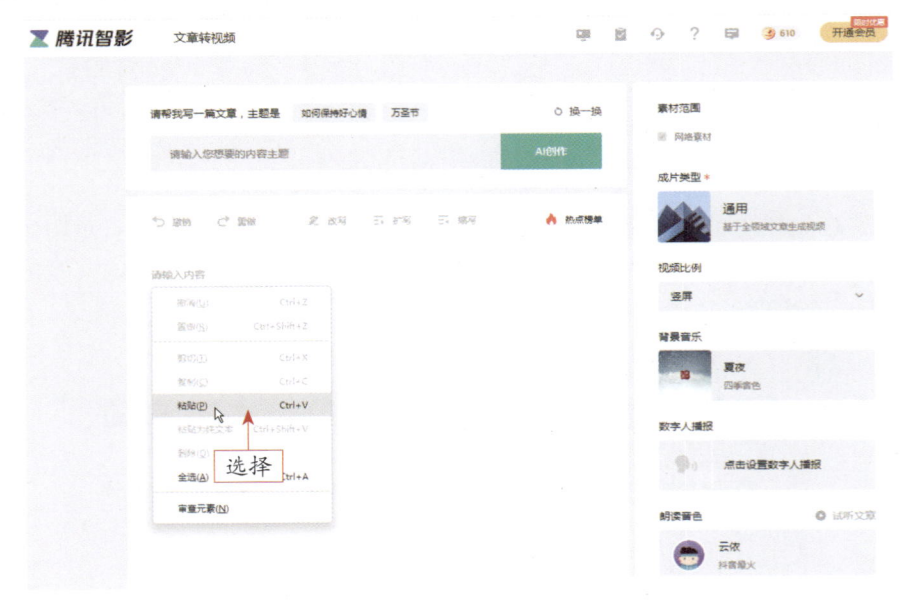

图 7-17 选择"粘贴"命令

第 7 章 AIGC 文本生成视频剪辑处理

STEP 02 单击页面右下角的"生成视频"按钮,如图 7-18 所示,即可开始生成视频,并显示进度。

图 7-18 单击"生成视频"按钮

STEP 03 稍等片刻,即可进入视频编辑页面,查看视频效果,如图 7-19 所示。

图 7-19 查看视频效果

STEP 04 如果用户不需要修改视频,可以单击页面上方的"合成"按钮,在弹出的"合成设置"对话框中修改视频名称,如图 7-20 所示,单击"合成"按钮,将视频进行合成。合成结束后,在"我的资源"页面的视频缩略图中单击下载按钮,将其下载到本地即可。

113

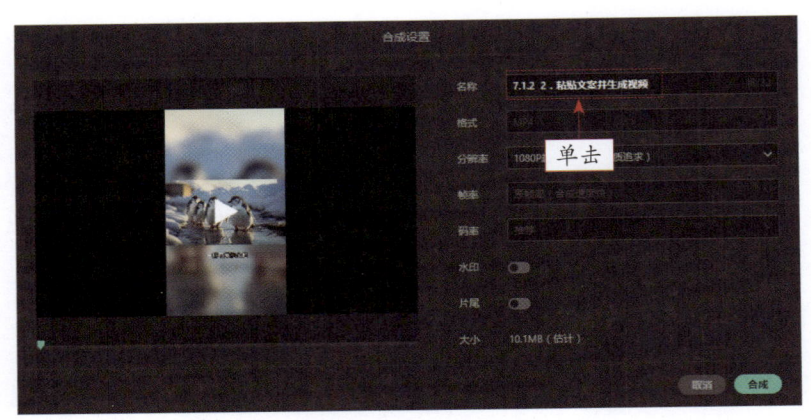

图 7-20 修改视频名称

7.1.3 技巧3：借助 Midjourney 优化视频效果

如果用户对视频有自己的想法，可以在生成视频后上传自己的素材并进行替换；如果用户不知道去哪里搜集素材，可以用 Midjourney 直接生成素材，这样获得的素材既能保证美观度，又能充分满足用户的需求。此外，用户还可以使用 ChatGPT 生成短视频的相关文案，然后再从文案中提炼出生成素材图片的指令关键词。

1. 用 ChatGPT 生成文案

使用 ChatGPT 生成视频文案可以节省用户的时间和精力，并降低短视频创作的门槛。此外，用户还可以从 ChatGPT 生成的文案中提取生成素材图片的关键词。下面介绍用 ChatGPT 生成文案的具体操作方法。

STEP 01 打开 ChatGPT 的聊天窗口，输入"你了解布偶猫吗"，按【Enter】键，获得的回复如图 7-21 所示，确认 ChatGPT 对布偶猫的了解程度。

图 7-21 ChatGPT 有关布偶猫的回复

第 7 章 AIGC 文本生成视频剪辑处理

STEP 02 在下方输入"以'布偶猫'为主题，创作一篇短视频文案，要求：描述具体，50 字以内"，按【Enter】键，ChatGPT 即可根据该要求生成一篇文案，如图 7-22 所示。

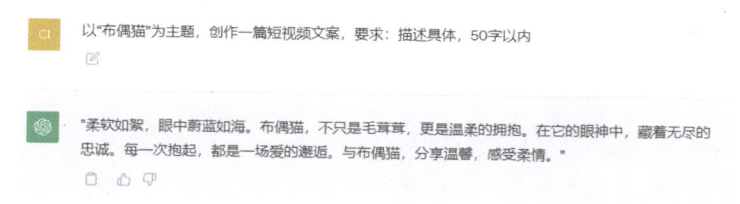

图 7-22 ChatGPT 生成相应的文案

STEP 03 至此，ChatGPT 的工作就完成了，全选 ChatGPT 回复的文案内容，单击鼠标右键，在弹出的快捷菜单中选择"复制"命令，如图 7-23 所示，复制 ChatGPT 的文案内容，将其保存在文档中，并根据需求进行适当的修改。

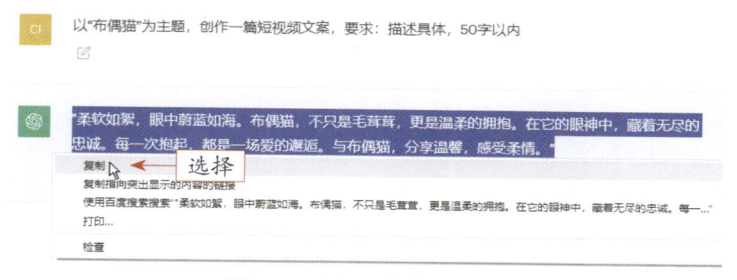

图 7-23 选择"复制"命令

2. 用 Midjourney 生成视频素材

Midjourney 是一个通过人工智能技术进行图像生成和图像编辑的 AI 绘画工具，用户可以在其中输入文字、图片等内容，让机器自动创作出符合要求的 AI 作品。下面以第 1 张图为例，介绍用 Midjourney 生成视频素材的具体操作方法。

STEP 01 打开并登录 Midjourney 官网，在下面的输入框内输入 /（正斜杠符号），在打开的列表框中选择 /imagine 指令，如图 7-24 所示。

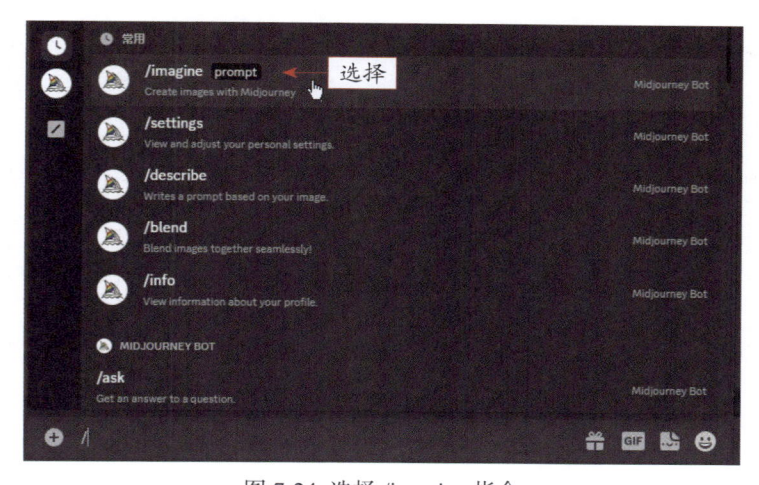

图 7-24 选择 /imagine 指令

115

STEP 02 在 /imagine 指令后方的文本框中输入关键词，按【Enter】键确认，即可看到 Midjourney Bot（机器人）已经开始工作了，并显示绘图进度，如图 7-25 所示。

图 7-25 显示绘图进度

▶ 专家指点

　　如果用户希望生成的素材图片与 ChatGPT 生成的文案更加贴切，可以从 ChatGPT 生成的文案中提炼关键词并翻译成英文，例如本案例中提炼的关键词便含有"毛茸茸""柔软如絮"，翻译成英文便是 furry、soft as fluff。

STEP 03 稍等片刻，Midjourney 将生成 4 张对应的图片。如果用户对 4 张图片中的某张图片感到满意，可以单击 U 按钮进行选择，例如单击 U2 按钮，如图 7-26 所示。

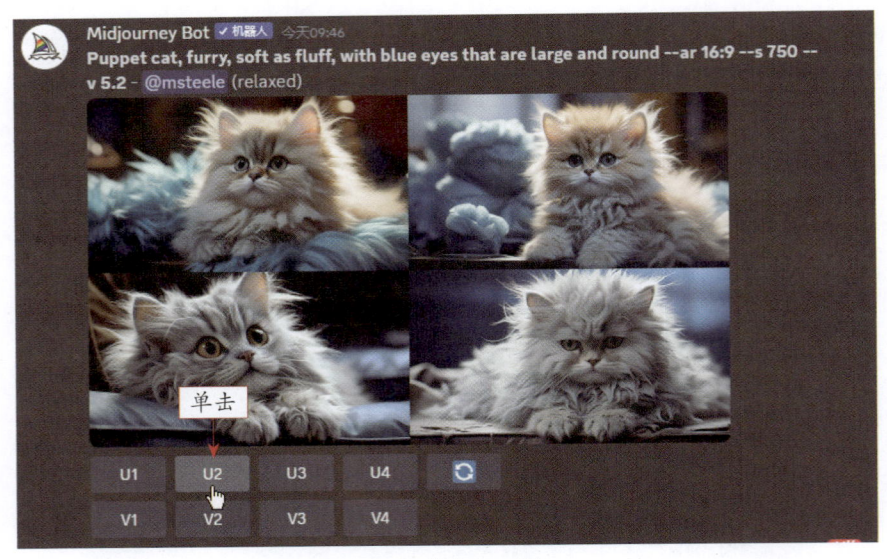

图 7-26 单击 U2 按钮

STEP 04 执行操作后，Midjourney 将在第 2 张图片的基础上进行更加精细的刻画，并放大图片效果，如图 7-27 所示。

图 7-27 放大第 2 张图片

> **专家指点**
>
> 　　如果用户要用图片来制作视频，还需要将图片保存到本地。单击图片，在放大的图片左下角单击"在浏览器中打开"链接，在新的标签页中打开图片，在图片上单击鼠标右键，在弹出的快捷菜单中选择"图片另存为"命令，弹出"另存为"对话框，设置图片的保存位置和名称，单击"保存"按钮，如图 7-28 所示，即可将图片保存到本地文件夹中。
>
> 图 7-28 单击"保存"按钮
>
> 　　如果用户想了解更多有关 Midjourney 绘画的技巧，可以前往本书第 3 章进行学习。

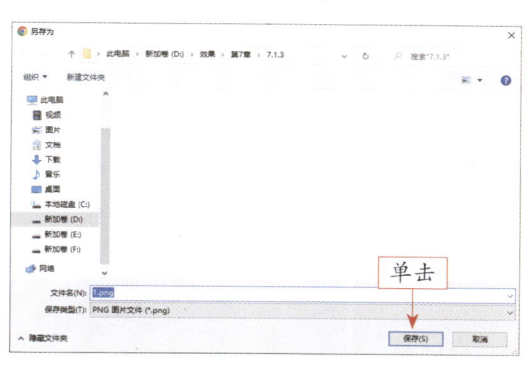

3. 生成视频并替换素材

【效果展示】：生成视频文案和素材后，用户可以先用"文章转视频"功能生成视频框架，再通过替换素材来获得所需的视频效果，如图 7-29 所示。

扫码看视频

下面介绍在腾讯智影中生成视频并替换素材的具体操作方法。

STEP 01 进入腾讯智影的"文章转视频"页面，在文本框中粘贴复制的文案，设置"视频比例"为"横屏"、"朗读音色"为"康哥"，如图 7-30 所示，单击"生成视频"按钮，即可开始生成视频。

117

图 7-29 效果展示

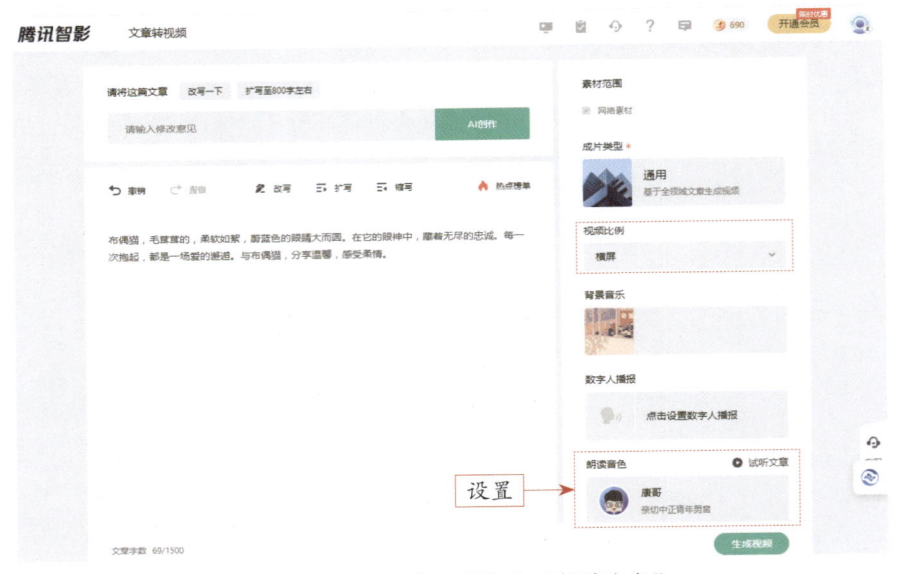

图 7-30 设置"视频比例"和"朗读音色"

STEP 02 稍等片刻，即可进入视频编辑页面，查看生成的视频效果。可以看到生成的视频各项要素都很齐全，但素材与字幕内容不太相符，需要替换素材才能获得一个完整的视频。在开始替换素材之前，用户需要上传素材，单击"当前使用"选项卡中的"本地上传"按钮，如图 7-31 所示。

STEP 03 执行操作后，弹出"打开"对话框，选择要上传的所有素材，单击"打开"按钮，如图 7-32 所示，即可将素材上传。

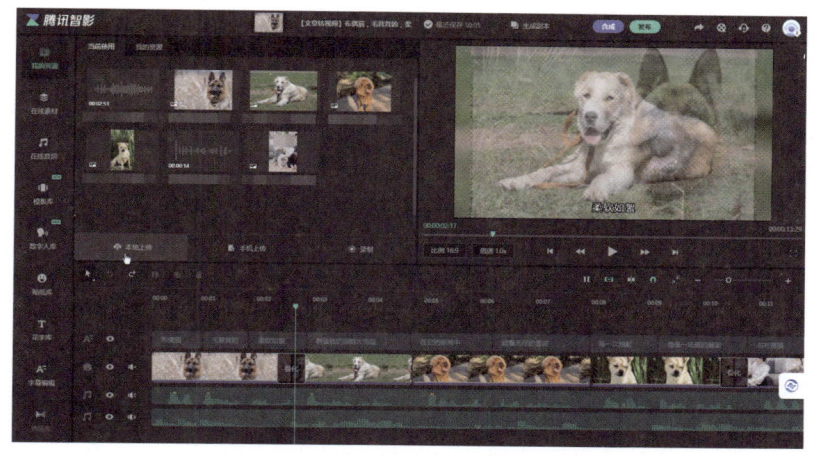

图 7-31 单击"本地上传"按钮

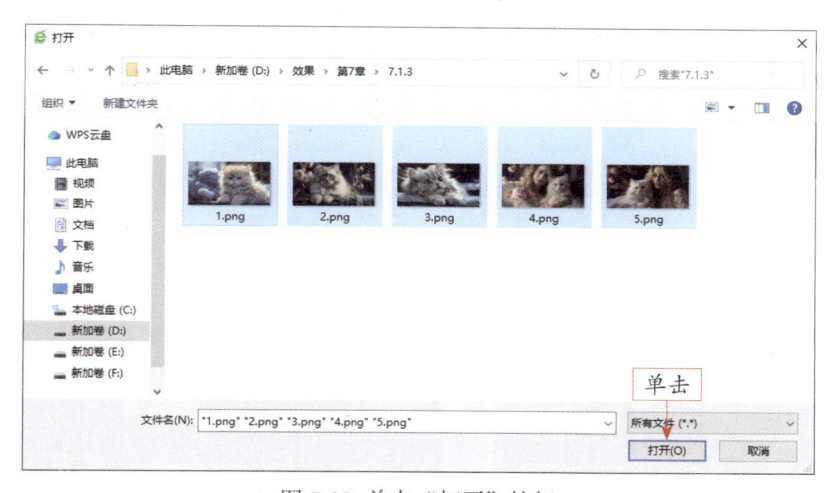

图 7-32 单击"打开"按钮

STEP 04 素材上传完成后,即可开始进行替换。在视频轨道的第 1 段素材上单击"替换素材"按钮,如图 7-33 所示。

图 7-33 单击"替换素材"按钮

119

STEP 05 执行操作后,打开"替换素材"面板,在"我的资源"选项卡中选择要替换的素材,如图7-34所示。

图7-34 选择要替换的素材

STEP 06 执行操作后,即可预览素材的替换效果,单击"替换"按钮,如图7-35所示,即可完成替换。

STEP 07 此外,还可以直接将上传的素材拖曳至轨道素材上进行替换。将所有的素材替换好以后,单击"合成"按钮,如图7-36所示,将视频进行合成并下载到本地文件夹中。

图7-35 单击"替换"按钮　　　　图7-36 单击"合成"按钮

7.2 一帧秒创文本生成视频的3个步骤

　　一帧秒创是一个AI内容生成平台,用户可以通过一帧秒创完成将文本生成视频的所有操作,只需先运用"AI帮写"功能生成文案,再选择文案进行视频的生成即可。另外,如果用户对视频效果有自己的想法,还可以对视频素材进行替换,让视频更符合用户的需求。

本节将详细介绍使用一帧秒创生成文案和视频的 3 个步骤。

7.2.1 步骤 1：运用 AI 帮写功能创作文案

扫码看视频

用户进入一帧秒创官网后，需要先登录，才能进入相应页面并使用相关的功能进行创作。下面介绍运用"AI 帮写"功能创作文案的具体操作方法。

STEP 01 搜索并进入一帧秒创官网，单击页面右上角的"登录/注册"按钮，如图 7-37 所示。

图 7-37 单击"登录/注册"按钮

STEP 02 执行操作后，进入登录页面，如图 7-38 所示，这里提供了手机验证码、微信扫码关注公众号完成登录、一帧秒创 App 扫码和微博 App 扫码等几种登录方式，用户选择适合自己的方式进行登录即可。

图 7-38 进入登录页面

121

STEP 03 完成登录后,即可进入一帧秒创首页,单击"AI 帮写"选项区中的"去创作"按钮,如图 7-39 所示。

图 7-39 单击"去创作"按钮

STEP 04 进入"AI 帮写"页面,选择"通用文案"模板,如图 7-40 所示。

图 7-40 选择"通用文案"模板

STEP 05 执行操作后,在"描述您的问题或想要表达的内容"文本框中输入文案主题和要求,如图 7-41 所示。

图 7-41 输入文案主题和要求

STEP 06 单击"立即生成"按钮,稍等片刻,即可在"文案预览"选项区中查看生成的视频文案,如图 7-42 所示。

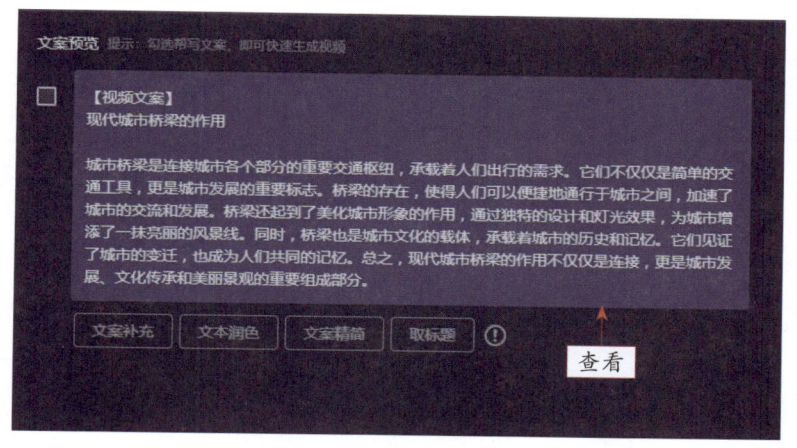

图 7-42 查看生成的视频文案

> **专家指点**
>
> 非会员用户有 3 次免费使用"AI 帮写"功能的额度,除了单击"立即生成"按钮会消耗额度之外,在生成的文案下方单击"文案补充""文本润色""文案精简""取标题"按钮中的任意一个,也会消耗用户的免费额度。

7.2.2 步骤 2:选取文案一键生成视频

用户获得文案后,可以直接选取文案,借助"文章转视频"功能来生成视频。下面介绍在一帧秒创中选取文案一键生成视频的具体操作方法。

STEP 01 在"AI 帮写"页面的"文案预览"选项区中,选择文案左侧的复选框,单击"生成视频"按钮,如图 7-43 所示。

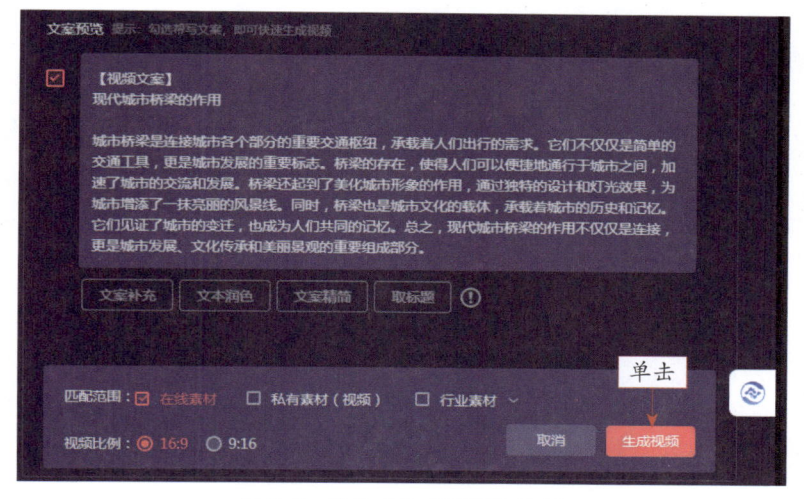

图 7-43 单击"生成视频"按钮

123

STEP 02 执行操作后，进入"编辑文稿"页面，系统会自动对文案进行分段。在生成视频时，每一段文案对应一段素材，用户可以根据需要进行调整，只需单击"下一步"按钮，如图7-44所示，即可开始生成视频。

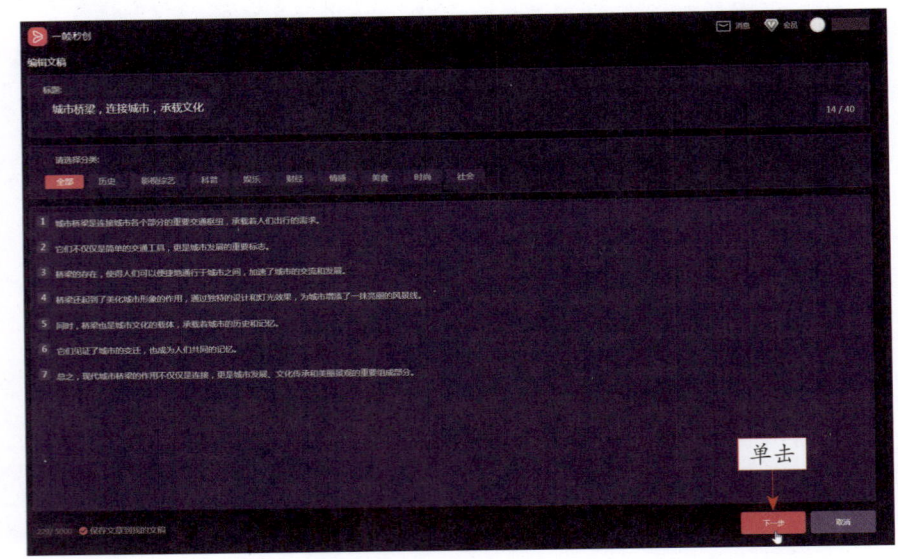

图 7-44 单击"下一步"按钮

STEP 03 稍等片刻，即可进入"创作空间"页面，查看生成的视频效果，如图7-45所示。

图 7-45 查看生成的视频效果

7.2.3 步骤3：替换素材并导出成品

【效果展示】：如果用户想让生成的视频更具独特性，可以用自己的素材进行替换，从而获得独一无二的视频效果，如图7-46所示。

图 7-46 效果展示

下面介绍在一帧秒创中替换素材并导出成品的具体操作方法。

STEP 01 将鼠标移至第 1 段素材上，在文字下方显示的工具栏中单击"替换"按钮，如图 7-47 所示。

图 7-47 单击"替换"按钮

STEP 02 执行操作后，打开相应的面板，用户可以选择在线素材、AI 作画、AI 视频、表情包、最近使用或收藏的素材进行替换。如果用户要用自己的素材进行替换，首先需要上传素材，切换至"我的素材"选项卡，单击右上角的"本地上传"按钮，如图 7-48 所示。

STEP 03 执行操作后，弹出"打开"对话框，选择要上传的素材，单击"打开"按钮，如图 7-49 所示，返回"我的素材"选项卡，稍等片刻，即可完成上传。

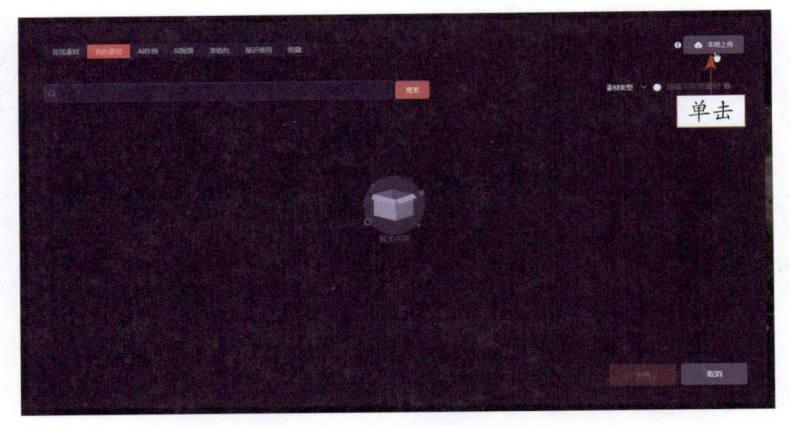

图 7-48 单击"本地上传"按钮

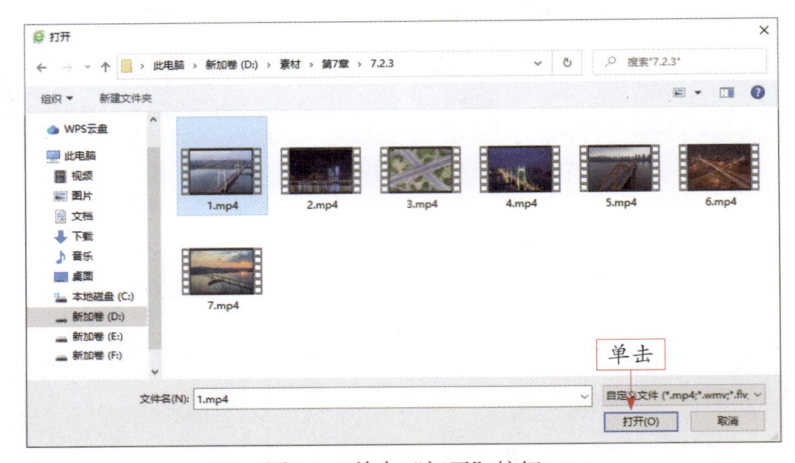

图 7-49 单击"打开"按钮

STEP 04 在"我的素材"选项卡中选择上传的素材,即可在右侧预览素材效果。单击"使用"按钮,如图 7-50 所示,完成素材的替换。继续上传剩余的素材,并依次进行替换。

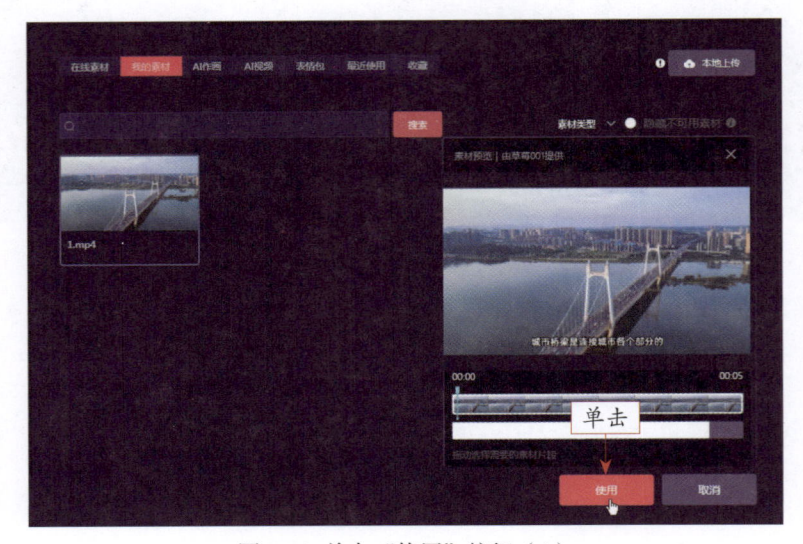

图 7-50 单击"使用"按钮(1)

STEP 05 除了替换素材之外,用户还可以对视频的音乐、配音和字幕等内容进行调整和添加。以更改音乐为例,用户需要在"创作空间"页面的左侧单击"音乐"按钮,进入"音乐"选项区,在"在线音乐"|"大气"选项卡中单击相应音乐右侧的"使用"按钮,如图 7-51 所示,即可更改视频的背景音乐。

图 7-51 单击"使用"按钮(2)

STEP 06 完成视频的调整后,用户就可以将视频导出并下载到本地文件夹中。首先单击页面右上角的"生成视频"按钮,如图 7-52 所示。

图 7-52 单击"生成视频"按钮

STEP 07 执行操作后,进入"生成视频"页面,修改视频标题,单击"确定"按钮,如图 7-53 所示,即可跳转至"我的作品"页面,开始合成视频效果。

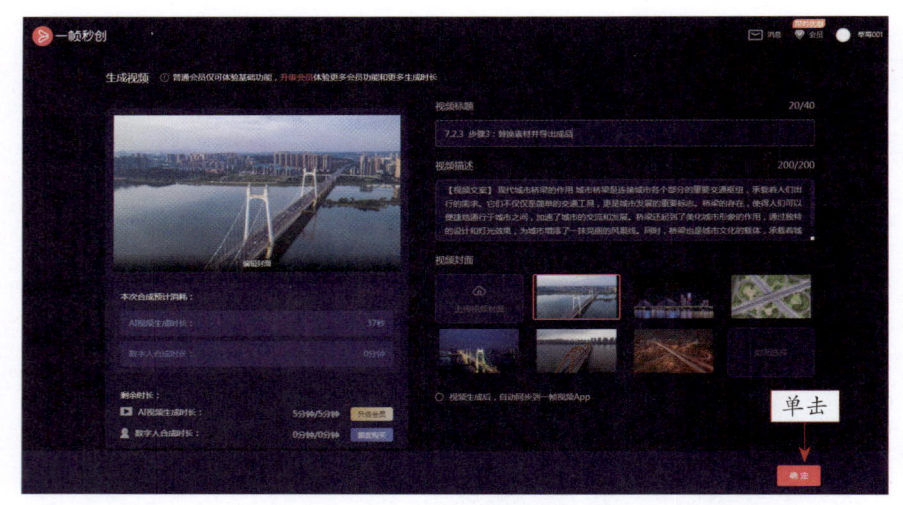

剪映 × 即梦 ×Premiere ×DeepSeek ×ChatGPT AI 短视频全攻略

图 7-53 单击"确定"按钮

STEP 08 合成结束后，即可在"我的作品"页面中查看视频效果，将鼠标移至视频缩略图上，在下方弹出的工具栏中单击"下载视频"按钮，如图 7-54 所示。

STEP 09 执行操作后，弹出"新建下载任务"对话框，修改视频名称，单击"下载"按钮，如图 7-55 所示，即可将视频下载到本地文件夹中。

图 7-54 单击"下载视频"按钮　　　　图 7-55 单击"下载"按钮

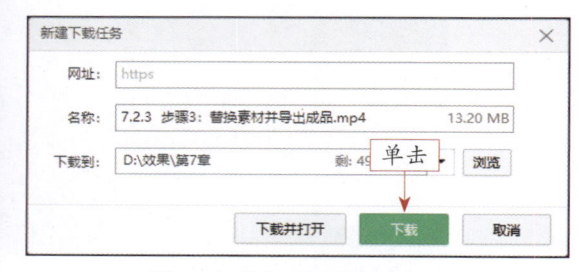

第 8 章
AIGC 图片生成视频剪辑处理

使用必剪 App 和快影 App 中的 AIGC 技术，可以帮助用户将图片转换为视频，并对生成的视频进行剪辑处理。这个过程不仅迅速，而且非常简便，适用于各种场景，包括宠物视频、风景视频及人像视频等，为用户提供了一种轻松而高效的剪辑方式。

8.1 必剪图片生成视频的 4 大技巧

必剪 App 功能全面，既有基础的剪辑工具能满足用户的使用需求，又有实用的特色功能可以自动生成好看的视频效果。本节主要介绍利用必剪 App 的剪辑工具、"一键大片"功能、推荐的模板和搜索的模板将图片素材包装成视频的操作方法。

8.1.1 技巧 1：使用剪辑工具

【效果展示】：必剪 App 提供了许多实用的剪辑工具，能够帮助用户轻松地将图片制作成视频，效果如图 8-1 所示。

图 8-1 效果展示

下面介绍在必剪 App 中利用剪辑工具将图片制作成视频的具体操作方法。

STEP 01 打开必剪 App，在"创作"界面中点击"开始创作"按钮，如图 8-2 所示。

STEP 02 执行操作后，进入"最近项目"界面，在"照片"选项卡中选择相应的图片素材，点击"下一步"按钮，如图 8-3 所示，即可将素材按顺序导入到视频轨道中。

STEP 03 点击第 1 段和第 2 段素材之间的 | 按钮，如图 8-4 所示。

图 8-2 点击"开始创作"按钮　　图 8-3 点击"下一步"按钮　　图 8-4 点击相应的按钮（1）

第 8 章 AIGC 图片生成视频剪辑处理

STEP 04 打开"视频转场"面板，在"推荐"选项卡中选择"黑场过渡"转场效果，点击"应用全部"按钮，如图 8-5 所示，在剩余的素材之间添加转场效果。

STEP 05 点击 ✓ 按钮，退出"视频转场"面板，拖曳时间轴至视频起始位置，在工具栏中点击"音频"按钮，如图 8-6 所示。

图 8-5 点击"应用全部"按钮

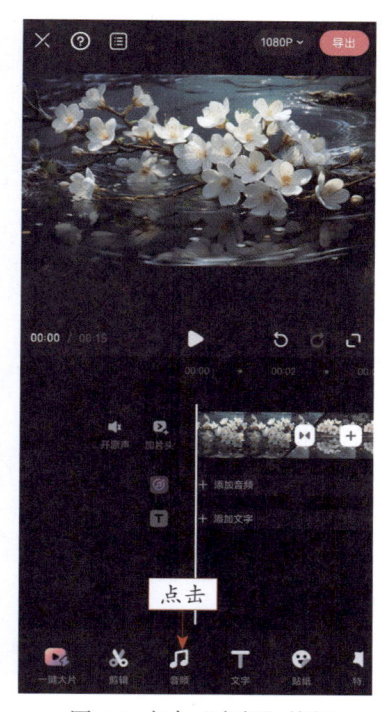

图 8-6 点击"音频"按钮

STEP 06 进入音频工具栏，点击"音乐库"按钮，如图 8-7 所示。

STEP 07 进入"音乐库"界面，选择"纯音乐"选项，如图 8-8 所示。

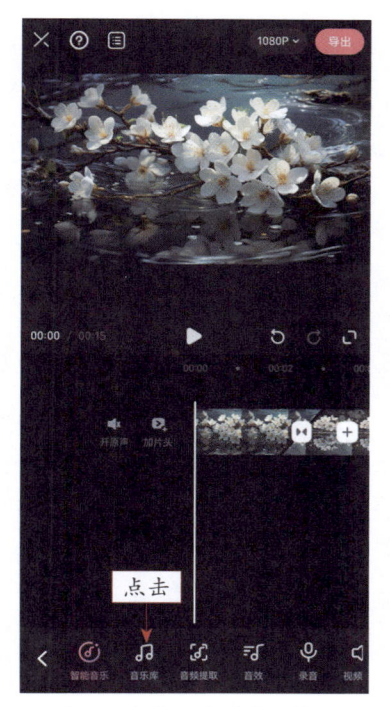

图 8-7 点击"音乐库"按钮

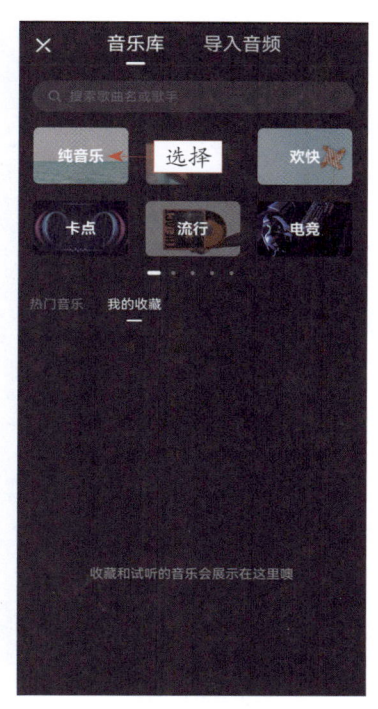

图 8-8 选择"纯音乐"选项

131

STEP 08 进入"纯音乐"界面,点击相应音乐右侧的"使用"按钮,如图8-9所示,将音乐添加到音频轨道中,并自动将音频的时长调整为与视频的时长一致。

STEP 09 返回到主界面,在工具栏中点击"特效"按钮,如图8-10所示。

图8-9 点击"使用"按钮

图8-10 点击"特效"按钮

STEP 10 打开"特效"面板,在"热门"选项卡中选择"逐渐聚焦"特效,如图8-11所示。

STEP 11 执行操作后,即可添加第1个特效,拖曳"逐渐聚焦"特效右侧的白色拉杆,将其时长调整为与第1段素材的时长一致,如图8-12所示。

图8-11 选择"逐渐聚焦"特效

图8-12 调整特效时长

STEP 12 "逐渐聚焦"特效自带了一个"胶卷相机快门声"音效,如果用户不需要,可以选择音效,点击🗑按钮,如图 8-13 所示,即可将其删除。

STEP 13 返回上一级工具栏,点击"新增特效"按钮,如图 8-14 所示。

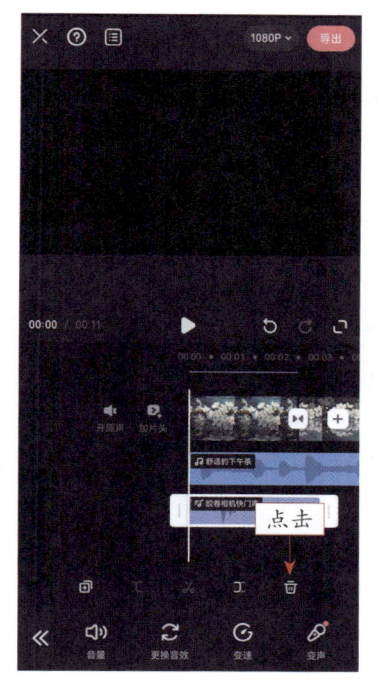

图 8-13 点击相应的按钮(2)　　　图 8-14 点击"新增特效"按钮

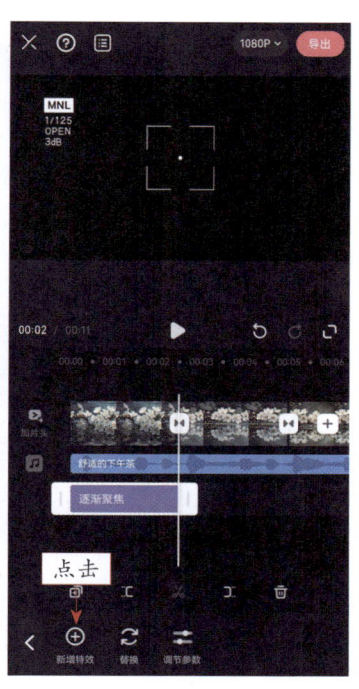

STEP 14 再次进入"特效"面板,在"边框"选项卡中选择"记录"特效,如图 8-15 所示,添加第 2 个特效。

STEP 15 调整"记录"特效的位置和时长,如图 8-16 所示,即可完成视频的制作。

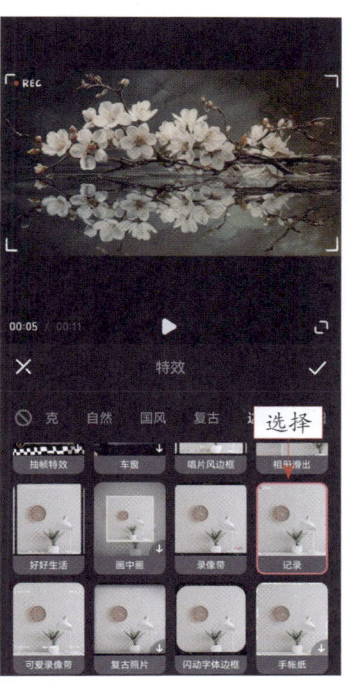

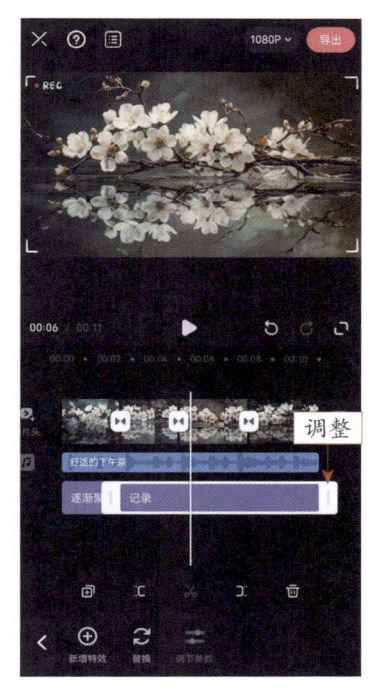

图 8-15 选择"记录"特效　　　图 8-16 调整特效的位置和时长

8.1.2 技巧2：运用"一键大片"功能

【效果展示】：使用必剪 App 的"一键大片"功能，可以快速地将图片素材包装成视频，用户只需要选择喜欢的模板即可，效果如图 8-17 所示。

图 8-17 效果展示

下面介绍在必剪 App 中运用"一键大片"功能生成视频的具体操作方法。

STEP 01 在必剪 App 中，导入 3 张图片素材，在工具栏中点击"一键大片"按钮，如图 8-18 所示。

STEP 02 打开"一键大片"面板，在 VLOG 选项卡中选择"旅行大片"选项，如图 8-19 所示，即可将素材包装成视频。

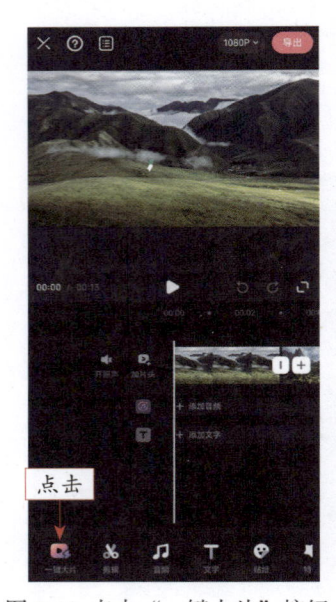

图 8-18 点击"一键大片"按钮　　图 8-19 选择"旅行大片"选项

▶ 专家指点

　　VLOG 英文全称为 video blog 或 video log，意为视频记录、视频博客或视频网络日志。
　　用户可以根据素材的内容在"一键大片"面板中选择相应的模板。视频包装完成后，用户还可以手动进行调整，以优化视频效果。

8.1.3 技巧3：使用推荐的模板

【效果展示】：在"模板"界面的不同选项卡中有许多模板，这些模板都是系统自动推荐的，用户可以根据需要在各个选项卡中随意选择推荐的模板，效果如图 8-20 所示。

图 8-20 效果展示

下面介绍在必剪 App 中使用推荐的模板生成视频的具体操作方法。

STEP 01 在必剪 App 中切换至"模板"界面，在 VLOG 选项卡中选择相应的视频模板，如图 8-21 所示。

STEP 02 执行操作后，进入模板预览界面，点击"剪同款"按钮，如图 8-22 所示。

图 8-21 选择相应的视频模板

图 8-22 点击"剪同款"按钮

135

STEP 03 进入"最近项目"界面，选择相应的图片，点击"下一步"按钮，如图 8-23 所示。

STEP 04 稍等片刻，即可生成视频并预览效果。点击"导出"按钮，如图 8-24 所示，将生成的视频导出即可。

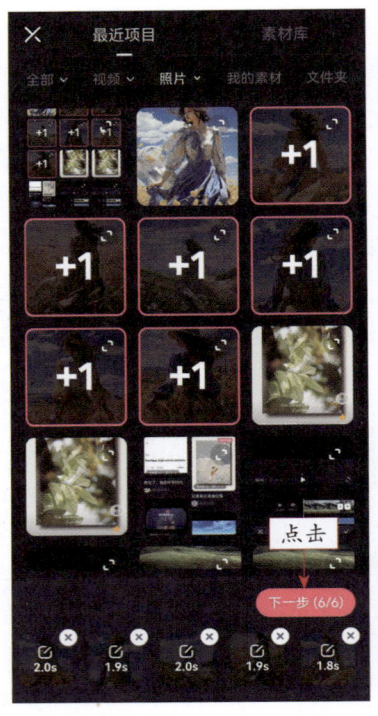

图 8-23 点击"下一步"按钮　　　　图 8-24 点击"导出"按钮

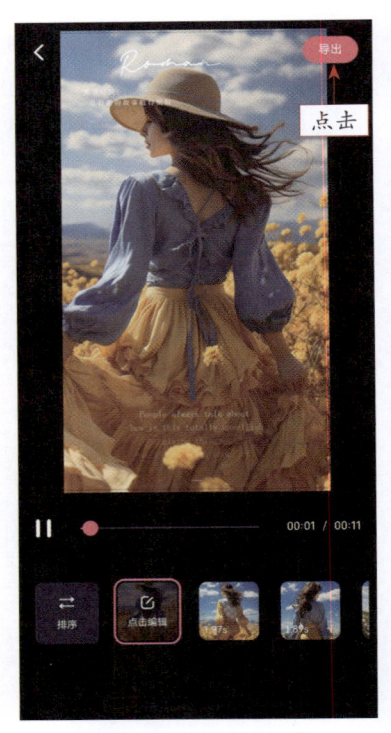

8.1.4 技巧 4：使用搜索的模板

【效果展示】：如果用户有喜欢的模板，可以直接在"模板"界面中进行搜索，这样就能节省盲目寻找模板的时间，效果如图 8-25 所示。

图 8-25 效果展示

136

第 8 章 AIGC 图片生成视频剪辑处理

下面介绍在必剪 App 中使用搜索的模板生成视频的具体操作方法。

STEP 01 在"模板"界面的搜索框中输入模板关键词，点击"搜索"按钮，在搜索结果中选择相应的视频模板，如图 8-26 所示。

STEP 02 进入模板预览界面，查看模板效果，点击"剪同款"按钮，如图 8-27 所示。

图 8-26 选择相应的模板　　图 8-27 点击"剪同款"按钮

STEP 03 进入"最近项目"界面，连续两次选择同一张图片素材，点击"下一步"按钮，如图 8-28 所示，即可开始生成视频。

STEP 04 视频生成完成后，跳转至相应的界面预览视频效果。确认无误后，点击"导出"按钮，如图 8-29 所示，即可将视频导出。

图 8-28 点击"下一步"按钮　　图 8-29 点击"导出"按钮

8.2 快影图片生成视频的 5 大功能

快影 App 是快手旗下的视频编辑软件，用户可以借助它的 AI 功能快速地将图片生成趣味性十足的视频。本节主要介绍在快影 App 中运用"图片玩法""一键出片""剪同款""音乐 MV""AI 玩法"这 5 大功能生成视频的操作方法。

8.2.1 图片玩法：生成动漫变身视频

【效果展示】：快影 App 的"图片玩法"功能支持多种风格的 AI 绘画效果，用户可以随意选择，以便生成动漫变身效果。另外，为了让视频更完整，用户还可以运用其他功能制作前后变身的反差效果，如图 8-30 所示。

图 8-30 效果展示

下面介绍在快影 App 中运用"图片玩法"功能生成动漫变身视频的具体操作方法。

STEP 01 打开快影 App，在"剪辑"界面中点击"开始剪辑"按钮，如图 8-31 所示。

STEP 02 执行操作后，进入"相册"界面，在"照片"选项卡中选择相应的图片素材，如图 8-32 所示。

图 8-31 点击"开始剪辑"按钮　　图 8-32 选择图片素材

STEP 03 点击"选好了"按钮,将素材导入到视频轨道中。选择素材,在工具栏中点击"复制"按钮,如图8-33所示,将图片素材复制一份。

STEP 04 选择第1段素材,向右拖曳素材右侧的白色拉杆,将其时长调整为4.0s,如图8-34所示。

图 8-33 点击"复制"按钮

图 8-34 调整素材时长

STEP 05 拖曳时间轴至视频起始位置,点击"添加音频"按钮,如图8-35所示。

STEP 06 进入"音乐库"界面,在"所有分类"选项区中选择"国风古风"选项,如图8-36所示。

图 8-35 点击"添加音频"按钮

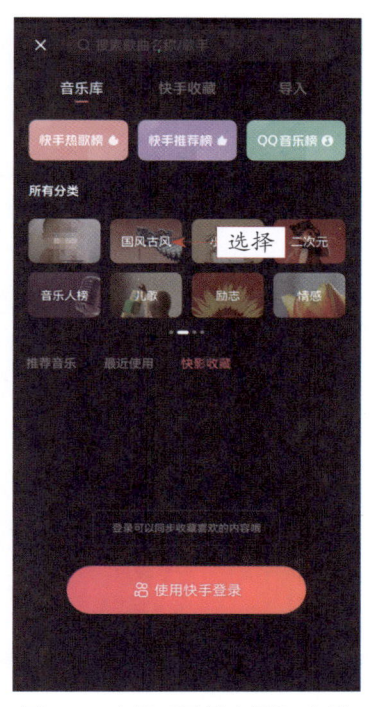

图 8-36 选择"国风古风"选项

STEP 07 执行操作后，进入"热门分类"界面的"国风古风"选项卡，选择相应的音乐，拖曳时间轴，选取合适的音频起始位置。点击"使用"按钮，如图 8-37 所示，即可将音乐添加到音频轨道中，并自动根据视频时长调整音乐的时长。

STEP 08 在工具栏中点击"特效"按钮，如图 8-38 所示。

图 8-37 点击"使用"按钮　　图 8-38 点击"特效"按钮

STEP 09 进入特效工具栏，点击"画面特效"按钮，如图 8-39 所示。

STEP 10 进入特效素材库，在"基础"选项卡中选择"圆形开幕"特效，如图 8-40 所示，即可为第 1 段素材添加一个开幕特效。

图 8-39 点击"画面特效"按钮　　图 8-40 选择"圆形开幕"特效

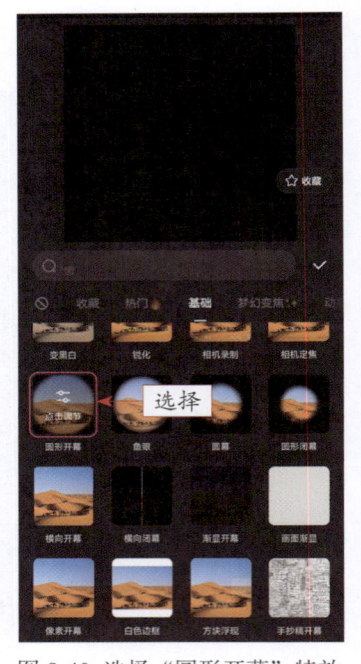

STEP 11 拖曳时间轴至第 2 段素材的起始位置，在特效工具栏中点击"图片玩法"按钮，如图 8-41 所示。

STEP 12 打开"图片玩法"面板，在"AI 玩法"选项卡中选择"AI 春日"玩法，如图 8-42 所示，即可为第 2 段素材添加 AI 绘画效果。

STEP 13 点击界面右上角的"做好了"按钮,在打开的"导出选项"面板中点击 ⬇ 按钮,如图8-43所示,即可将视频保存到手机相册中。

图8-41 点击"图片玩法"按钮　　图8-42 选择"AI春日"玩法　　图8-43 点击相应的按钮

8.2.2 一键出片:生成水果视频

【**效果展示**】:快影App的"一键出片"功能会根据用户提供的素材智能匹配模板,用户在提供的模板中选择喜欢的一款即可,效果如图8-44所示。

图8-44 效果展示

141

下面介绍在快影 App 中运用"一键出片"功能生成水果视频的具体操作方法。

STEP 01 在"剪辑"界面中点击"一键出片"按钮，如图 8-45 所示。

STEP 02 进入"相册"界面，在"照片"选项卡中选择相应的素材，点击"一键出片"按钮，如图 8-46 所示。

图 8-45 点击"一键出片"按钮（1） 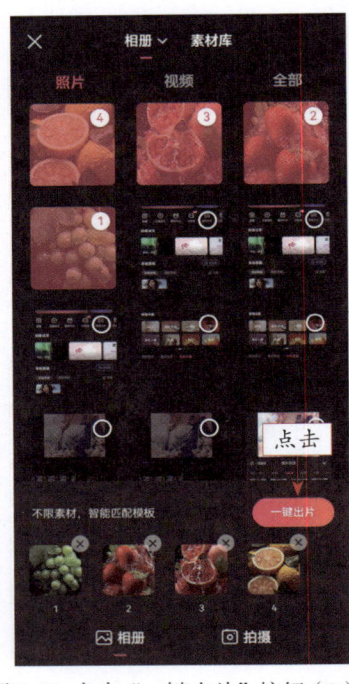 　　图 8-46 点击"一键出片"按钮（2）

STEP 03 执行操作后，即可开始智能生成视频。稍等片刻，进入相应界面，预览套用模板后的视频效果。用户可以在"模板"选项卡中选择喜欢的模板，例如在"推荐"选项区中选择一个美食模板，如图 8-47 所示，即可预览视频效果。

STEP 04 点击界面右上角的"做好了"按钮，在打开的"导出选项"面板中点击"无水印导出并分享"按钮，如图 8-48 所示，即可导出无水印的视频。

图 8-47 选择美食模板 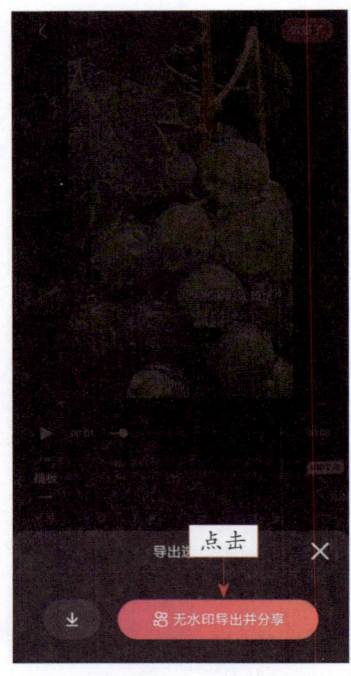　　图 8-48 点击"无水印导出并分享"按钮

8.2.3 剪同款：生成卡点视频

【效果展示】：快影 App 的"剪同款"功能为用户推荐了许多热门的视频模板，用户可以根据喜好选择模板来制作同款视频，效果如图 8-49 所示。

图 8-49 效果展示

下面介绍在快影 App 中运用"剪同款"功能生成卡点视频的具体操作方法。

STEP 01 在"剪同款"界面的"卡点"选项卡中选择喜欢的模板，如图 8-50 所示。

STEP 02 进入模板预览界面，点击"制作同款"按钮，如图 8-51 所示。

图 8-50 选择喜欢的模板　　　图 8-51 点击"制作同款"按钮

STEP 03 执行操作后，进入"相册"界面，选择相应的素材，点击"选好了"按钮，如图8-52所示，即可开始生成视频。

STEP 04 稍等片刻，进入模板编辑界面，用户可以对素材、音乐、文字和封面等内容进行编辑。如果用户对视频效果感到满意，只需点击界面右上角的"做好了"按钮，在打开的"导出选项"面板中点击"无水印导出并分享"按钮，如图8-53所示，即可导出无水印的视频。

图 8-52 点击"选好了"按钮

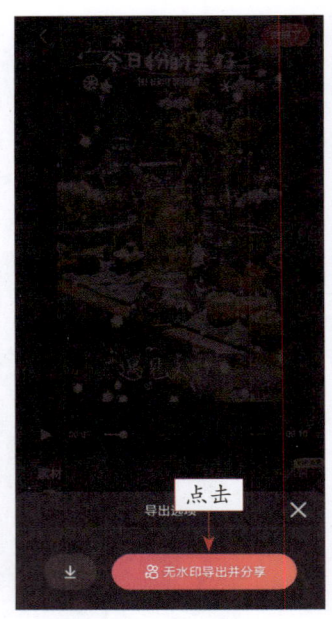

图 8-53 点击"无水印导出并分享"按钮

8.2.4 音乐MV：生成专属歌词视频

扫码看视频

【效果展示】：快影App的"音乐MV"功能可以让用户选择喜欢的MV模板、歌曲、歌词段落和图片素材，从而生成专属的歌词MV视频，效果如图8-54所示。

下面介绍在快影App中运用"音乐MV"功能生成专属歌词视频的具体操作方法。

STEP 01 打开快影App，切换至"剪同款"界面，点击"音乐MV"按钮，如图8-55所示。

图 8-54 效果展示

STEP 02 执行操作后，进入模板选择界面，在界面的下方提供了4种不同风格的音乐MV模板，用户根据喜好选择相应模板后，还可以更换MV的音乐，点击模板预览区中的"换音乐"按钮，如图8-56所示。

STEP 03 执行操作后，进入"音乐库"界面，在"所有分类"选项区中选择"国风古风"选项，如图8-57所示。

第 8 章 AIGC 图片生成视频剪辑处理

图 8-55 点击"音乐 MV"按钮　　图 8-56 点击"换音乐"按钮　　图 8-57 选择"国风古风"选项

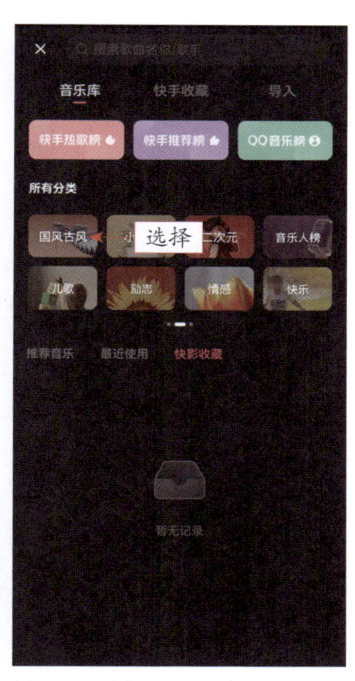

STEP 04 执行操作后，进入"热门分类"界面的"国风古风"选项卡，选择相应的音乐，拖曳时间轴，选取合适的音频起始位置，点击"使用"按钮，如图 8-58 所示，即可更换音乐 MV 中的歌曲。

STEP 05 执行操作后，返回模板选择界面，点击界面下方的"导入素材 生成 MV"按钮，如图 8-59 所示。

STEP 06 进入"相机胶卷"界面，在"照片"选项卡中选择一张照片素材，点击"完成"按钮，如图 8-60 所示。

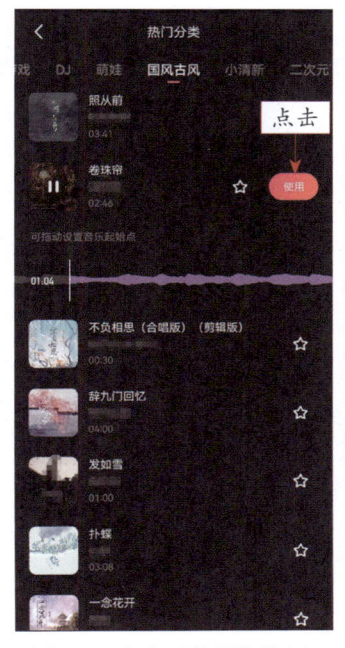

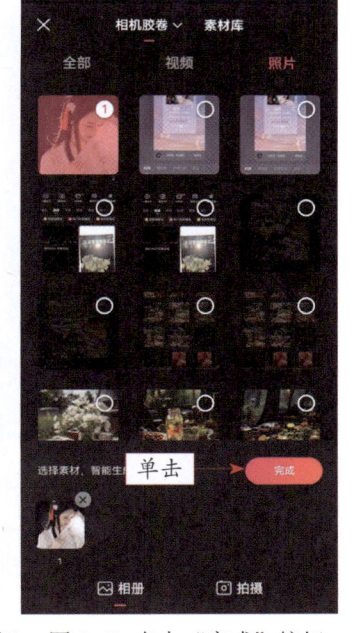

图 8-58 点击"使用"按钮　　图 8-59 点击"导入素材 生成 MV"按钮　　图 8-60 点击"完成"按钮

145

STEP 07 稍等片刻，即可进入模板编辑界面，用户可以预览视频效果，并对视频的风格、音乐、时长、画面和歌词进行设置。例如，切换至"时长"选项卡，拖曳左、右两侧的白色拉杆，将视频时长调整为 16.4S，如图 8-61 所示，缩短视频的时长。

STEP 08 切换至"歌词"选项卡，选择一种合适的字体，如图 8-62 所示，即可修改视频中歌词字幕的字体。

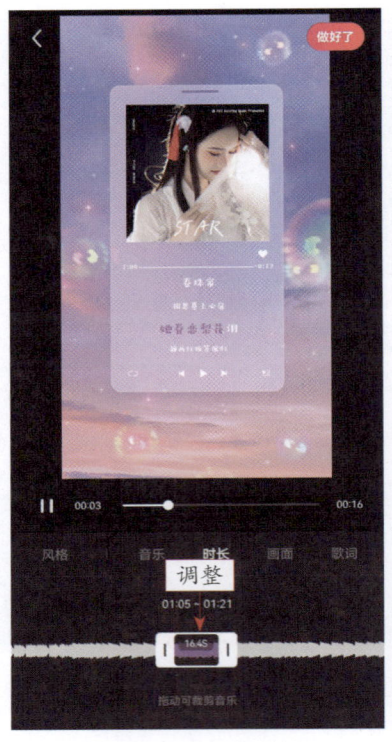

图 8-61 调整视频时长

图 8-62 选择合适的字体

STEP 09 点击界面右上角的"做好了"按钮，在打开的"导出选项"面板中点击 ⬇ 按钮，如图 8-63 所示。

STEP 10 执行操作后，即可开始导出视频，并显示导出进度，如图 8-64 所示。

图 8-63 点击相应的按钮

图 8-64 显示导出进度

8.2.5 AI 玩法：生成瞬息宇宙视频

【效果展示】：通过快影 App "剪同款"界面的 "AI 玩法"功能，可以为图片添加 "AI 瞬息宇宙"玩法，快速生成酷炫的视频效果，如图 8-65 所示。

图 8-65 效果展示

下面介绍在快影 App 中添加 "AI 瞬息宇宙"玩法生成酷炫视频的具体操作方法。

STEP 01 在 "剪同款"界面中点击 "AI 玩法"按钮，如图 8-66 所示。

STEP 02 进入 "AI 玩法"界面，在 "AI 瞬息宇宙"玩法预览图中点击 "导入图片变身"按钮，如图 8-67 所示。

图 8-66 点击 "AI 玩法"按钮　　图 8-67 点击 "导入图片变身"按钮

147

STEP 03 进入"相机胶卷"界面，选择合适的图片，点击"选好了"按钮，如图 8-68 所示。

STEP 04 执行操作后，即可开始生成视频。用户可以在下方推荐的视频模板中选择喜欢的模板，如图 8-69 所示，并预览视频效果。如果用户对视频感到满意，点击下方的"无水印导出并分享"按钮，即可将成品视频导出。

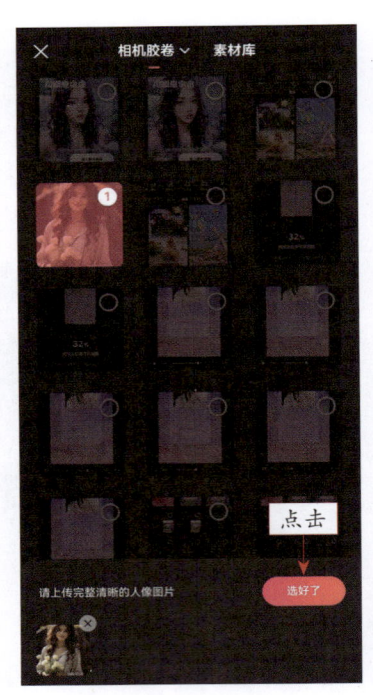

图 8-68 点击"选好了"按钮　　　图 8-69 选择喜欢的视频模板

第 9 章
AIGC 视频生成视频剪辑处理

想要提高素材处理和视频制作的效率，最简单的方法就是在剪辑中借助 AIGC 的力量，一键就能完成那些烦琐、重复的工作。本章主要介绍在美图秀秀、不咕剪辑、Premiere 及剪映中使用 AI 功能完成视频制作和剪辑处理的操作方法。

9.1 美图秀秀视频生成视频的 2 个功能

美图秀秀 App 作为一个强大的图像处理软件，除了能帮助用户轻松完成图片编辑，还提供了实用的视频编辑功能。其中，"一键大片"和"视频配方"功能可以满足用户 AIGC 视频创作的需求，用户只需完成导入素材和选择模板这两步，AI 就会自动完成模板的套用，生成新的视频。

9.1.1 一键大片：AI 自动包装视频

【效果展示】：用户将素材导入到视频轨道中后，可以在"一键大片"面板中选择合适的模板，AI 会自动将素材包装成一个完整的视频，效果如图 9-1 所示。

图 9-1 效果展示

下面介绍在美图秀秀 App 中运用"一键大片"功能快速包装视频的具体操作方法。

STEP 01 打开美图秀秀 App，在首页点击"视频剪辑"按钮，如图 9-2 所示。

STEP 02 进入"图片视频"界面，选择相应的视频素材，点击"开始编辑"按钮，如图 9-3 所示，即可进入"视频剪辑"界面，并将素材导入到视频轨道中。

图 9-2 点击"视频剪辑"按钮　　图 9-3 点击"开始编辑"按钮

STEP 03 在界面下方的工具栏中点击"一键大片"按钮，如图 9-4 所示。

STEP 04 打开"一键大片"面板，选择喜欢的模板，如图 9-5 所示，即可完成素材的包装。

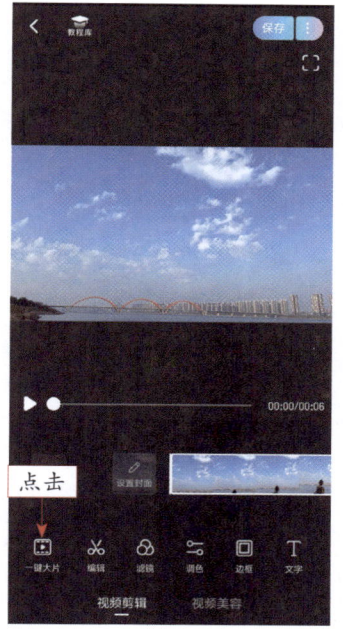

图 9-4 点击"一键大片"按钮　　图 9-5 选择喜欢的模板

▶ 专家指点

"一键大片"面板每次推荐的视频模板都是不同的，如果用户想查看之前使用的模板，可以切换至"最近"选项卡；如果用户想收藏某个模板，只需长按模板即可。

9.1.2 视频配方：选择模板生成视频

【效果展示】：在"视频配方"界面中，用户可以先选择喜欢的视频模板，再在"图片视频"界面中添加素材，从而生成视频，效果如图 9-6 所示。

图 9-6 效果展示

下面介绍在美图秀秀 App 中运用"视频配方"功能生成视频的具体操作方法。

151

STEP 01 打开美图秀秀 App，在首页点击"视频剪辑"按钮，如图 9-7 所示。

STEP 02 进入"图片视频"界面，点击"视频配方"按钮，切换至相应界面，在"热门"选项卡中选择喜欢的模板，如图 9-8 所示。

图 9-7 点击"视频剪辑"按钮　　　图 9-8 选择喜欢的模板

STEP 03 进入模板预览界面，查看模板效果。点击界面右下角的"使用配方"按钮，如图 9-9 所示。

STEP 04 进入"图片视频"界面，选择相应的素材，点击"选好了"按钮，如图 9-10 所示，即可开始生成视频。

STEP 05 视频生成结束后，进入效果预览界面，查看套用模板后生成的视频效果。点击界面右上角的"保存"按钮，如图 9-11 所示，即可将视频成品保存到相册中。

图 9-9 点击"使用配方"按钮　　图 9-10 点击"选好了"按钮　　图 9-11 点击"保存"按钮

9.2 不咕剪辑视频生成视频的 2 个功能

不咕剪辑 App 除了拥有 AI 抠像、全轨道剪辑和文字快剪等特色功能，它的"视频模板"和"素材库"功能可以满足用户一键完成视频生成视频的需求，还支持对生成的视频进行自定义编辑，让视频效果更独特。

9.2.1 视频模板：生成旅行 Vlog

【效果展示】：在"视频模板"界面中，不咕剪辑 App 提供了 20 多种不同类型的模板，基本能够满足用户的生活和工作需求。用户选择好模板后，添加对应数量和时长的素材，即可生成同款视频，效果如图 9-12 所示。

图 9-12 效果展示

下面介绍在不咕剪辑 App 中运用"视频模板"功能生成旅行 Vlog 的具体操作方法。

STEP 01 打开不咕剪辑 App，在"剪辑"界面中点击"视频模板"按钮，如图 9-13 所示。

STEP 02 执行操作后，进入"视频模板"界面，在 Vlog 选项卡中选择合适的模板，如图 9-14 所示。

图 9-13 点击"视频模板"按钮　　图 9-14 选择合适的模板

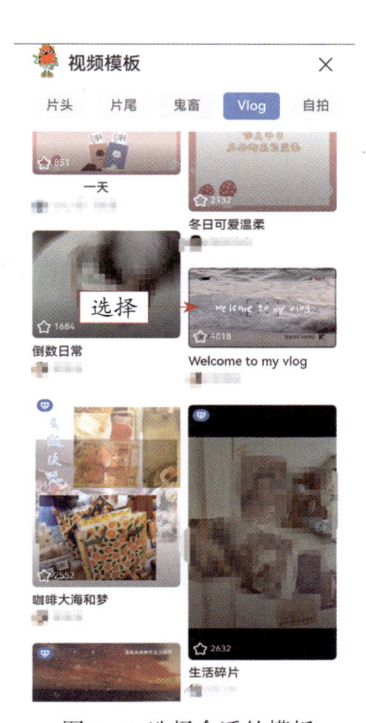

153

STEP 03 进入模板预览界面，查看模板效果。点击界面下方的"使用模板"按钮，如图9-15所示。

STEP 04 进入"相册"界面，选择视频素材，点击"下一步"按钮，如图9-16所示，即可开始生成视频。

图9-15 点击"使用模板"按钮 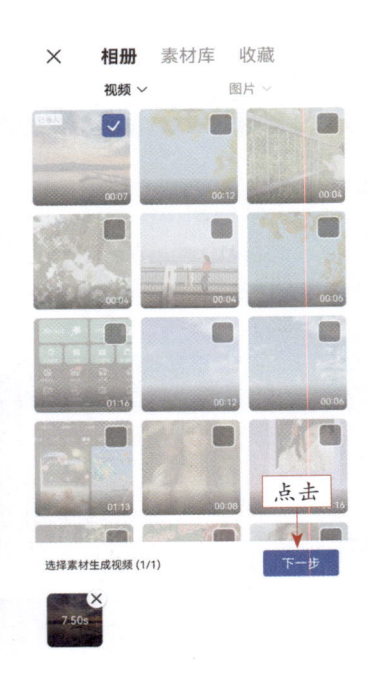　　图9-16 点击"下一步"按钮

STEP 05 视频生成结束后，进入"使用模板"界面，查看生成的视频效果。点击要修改的文本，如图9-17所示。

STEP 06 弹出文本框，修改文字内容，点击"确定"按钮，如图9-18所示。

STEP 07 修改完成后，点击"导出视频"按钮，如图9-19所示，将视频导出即可。

图9-17 点击要修改的文本 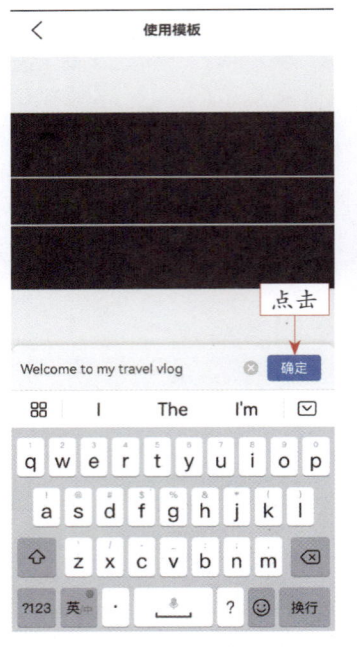　　图9-18 点击"确定"按钮 　　图9-19 点击"导出视频"按钮

9.2.2 素材库：生成古风视频

【**效果展示**】：在"素材库"界面中，不咕剪辑 App 为用户提供了海量的素材和模板，用户既可以将模板当作素材添加到轨道中进行编辑，又可以为视频素材套用模板生成唯美的视频，效果如图 9-20 所示。

图 9-20 效果展示

下面介绍在不咕剪辑 App 中运用"素材库"功能生成古风视频的具体操作方法。

STEP 01 打开不咕剪辑 App，切换至"素材库"界面，在"片头"选项卡的"古风"选项区中选择相应的模板，如图 9-21 所示。

STEP 02 进入模板预览界面，查看模板效果。点击界面右下角的"使用模板"按钮，如图 9-22 所示。

STEP 03 进入"相册"界面，选择相应的视频素材，点击"下一步"按钮，如图 9-23 所示，即可开始生成视频。

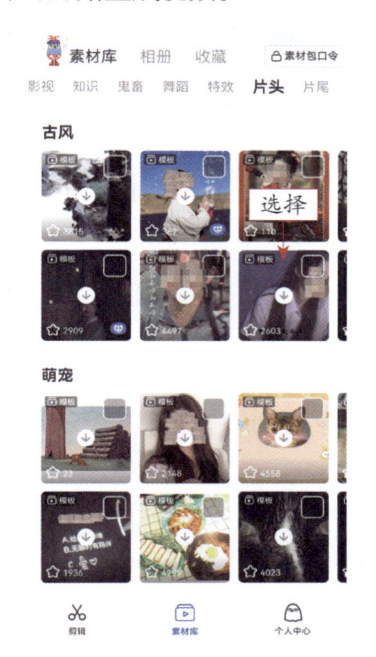

图 9-21 选择模板　　图 9-22 点击"使用模板"按钮　　图 9-23 点击"下一步"按钮

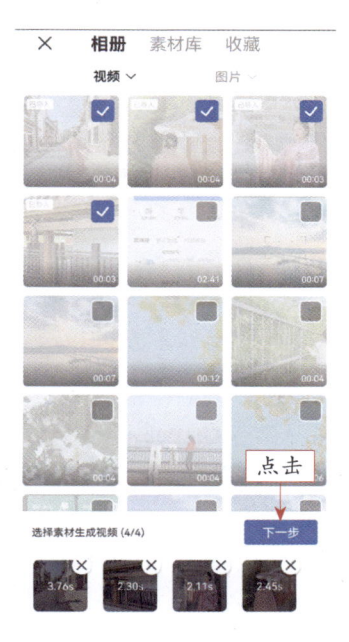

STEP 04 视频生成结束后，进入"使用模板"界面，用户可以预览视频效果，并对视频片段和文字进行修改，例如点击要修改的文字，如图9-24所示。

STEP 05 弹出文本框，修改文字内容，点击"确定"按钮，如图9-25所示，完成文字的修改，最后将视频导出即可。

图9-24 点击要修改的文字

图9-25 点击"确定"按钮

9.3 Premiere 剪辑视频的3个AI功能

Premiere Pro 2023是美国Adobe公司出品的视音频非线性编辑软件，是视频编辑爱好者和专业人士必不可少的编辑工具。Premiere Pro 2023中有许多非常实用的AI视频制作功能，可以帮助用户快速剪辑与处理视频片段。本章主要介绍运用Premiere的AI功能进行视频编辑的操作方法。

9.3.1 场景编辑检测：自动检测和剪辑

【效果展示】：在Premiere Pro 2023中，使用"场景编辑检测"功能可以自动检测视频场景并剪辑视频片段。当Premiere Pro 2023按照检测到的视频场景进行自动分割后，用户可以重新调整这些素材的位置，然后将这些素材重新合成为一个视频片段，方便后续的编辑与处理，效果如图9-26所示。

图9-26 效果展示

第 9 章 AIGC 视频生成视频剪辑处理

下面介绍在 Premiere Pro 2023 中进行场景编辑检测，并将剪辑片段进行合成的具体操作方法。

STEP 01 启动 Premiere Pro 2023，系统将自动弹出欢迎界面，单击"新建项目"按钮，进入新建项目界面，修改项目名称和项目位置，单击"创建"按钮，如图 9-27 所示，即可创建一个项目。

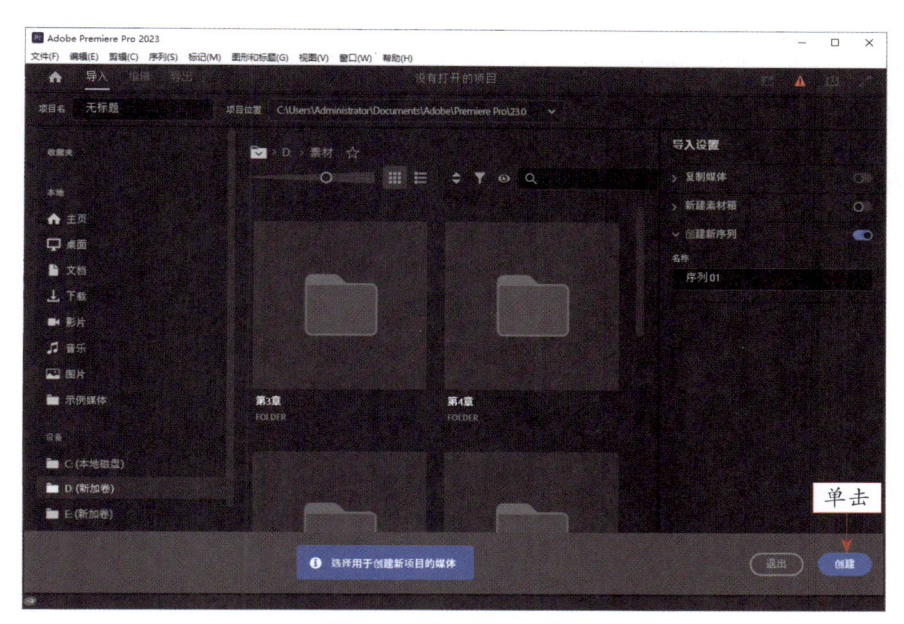

图 9-27 单击"创建"按钮

STEP 02 在菜单栏中选择"文件"|"导入"命令，如图 9-28 所示。

STEP 03 弹出"导入"对话框，选择相应的视频素材，如图 9-29 所示。

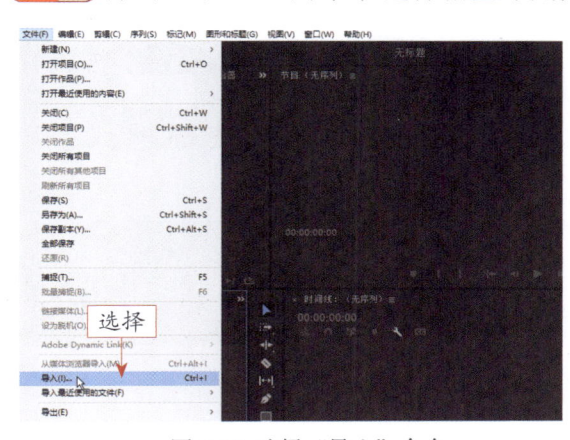

图 9-28 选择"导入"命令　　　　图 9-29 选择视频素材

STEP 04 单击"打开"按钮，即可在"项目"面板中查看导入的素材文件缩略图，如图 9-30 所示。

STEP 05 将素材拖曳至"时间线"面板中，如图 9-31 所示。

157

剪映 × 即梦 × Premiere × DeepSeek × ChatGPT AI 短视频全攻略

图 9-30 查看导入的素材文件缩略图　　图 9-31 将素材拖曳至"时间线"面板中

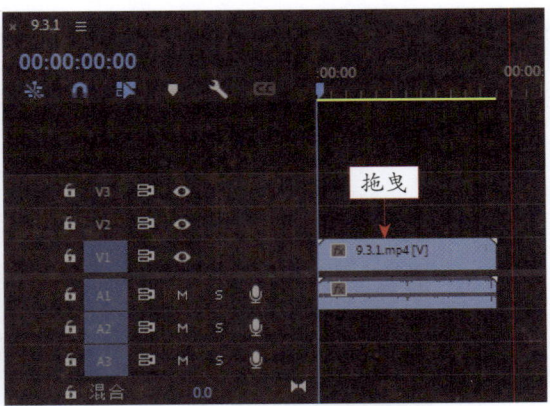

> ▶ **专家指点**
>
> 在"项目"面板中，单击下方的"项目可写"按钮 ，可以将项目更改为只读模式，变成不可编辑的锁定状态，同时按钮颜色会由绿色变为红色 ；单击"列表视图"按钮 ，可以将素材以列表形式显示；单击"图标视图"按钮 ，可以将素材以图标形式显示；单击"自由变换视图"按钮 ，可以将素材进行自由变换并显示出来。

STEP 06 在素材上单击鼠标右键，弹出快捷菜单，选择"场景编辑检测"命令，弹出"场景编辑检测"对话框，选择"在每个检测到的剪切点应用剪切"和"从每个检测到的修剪点创建子剪辑素材箱"复选框，单击"分析"按钮，如图 9-32 所示。

STEP 07 分析完成后，即可根据视频场景自动剪辑视频片段，将一整段视频剪切成 5 个小片段，如图 9-33 所示。

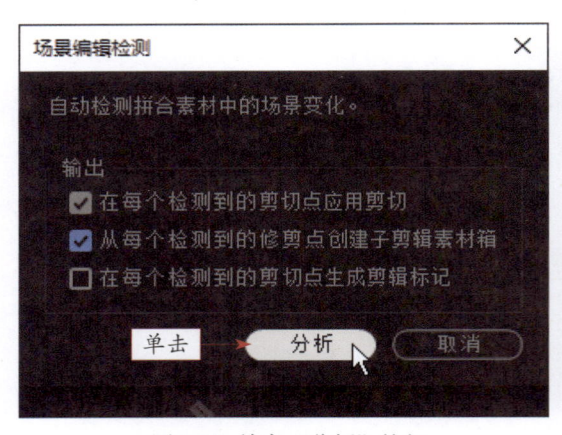

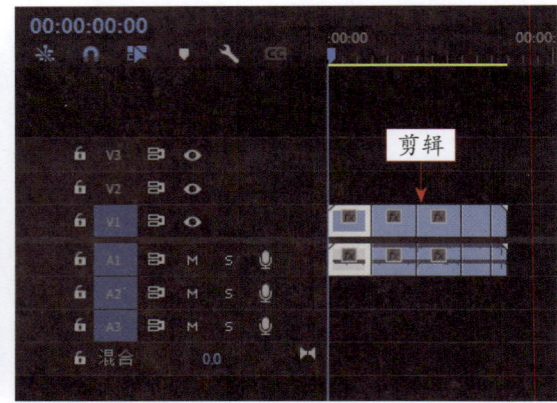

图 9-32 单击"分析"按钮　　图 9-33 自动剪辑视频片段

> ▶ **专家指点**
>
> Premiere Pro 2023 具有直观的用户界面，使用户能够在"时间线"面板上对视频进行精确的编辑和调整。它还提供了许多高级功能，如多摄像机编辑、音频混合、关键帧动画等，以满足专业用户的需求。

STEP 08 此时，"项目"面板中会自动生成一个素材箱，用于存放剪辑后的视频片段，如图 9-34 所示。

158

第 9 章 AIGC 视频生成视频剪辑处理

STEP 09 将"时间线"面板中的素材删除,在"项目"面板的素材箱上双击,打开素材箱,选择第 1 个素材片段,如图 9-35 所示。

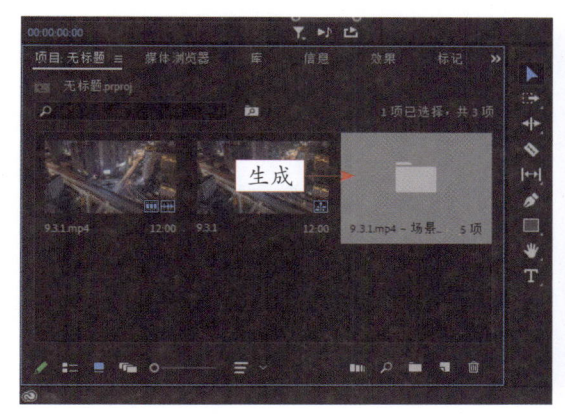

图 9-34 自动生成一个素材箱 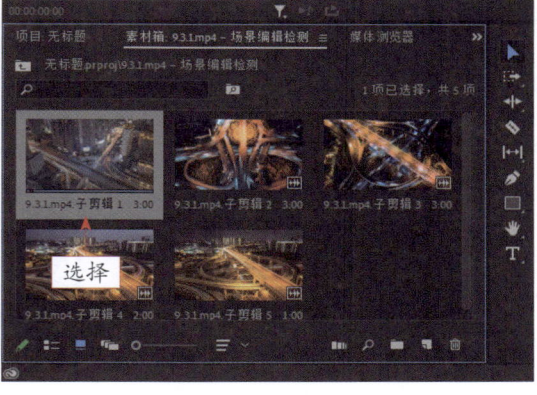   图 9-35 选择第 1 个素材片段

> **专家指点**
>
> 注意此处,在对素材箱中的素材重新剪辑合成时,如果不需要用到原视频素材,那么需要将"时间线"面板中的素材清空,以免与原来的视频素材混合。

STEP 10 按住鼠标左键的同时将素材拖曳至"时间线"面板中,如图 9-36 所示,即可应用剪辑后的素材。

STEP 11 用同样的操作方法,将"子剪辑 4"素材拖曳至"时间线"面板中第 1 段素材的后面,如图 9-37 所示。

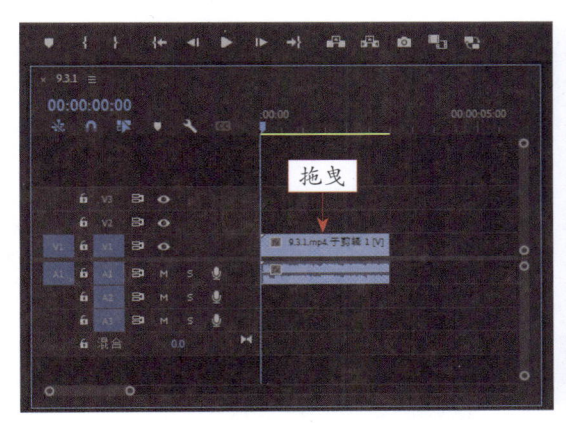

图 9-36 将素材拖曳至"时间线"面板中(1) 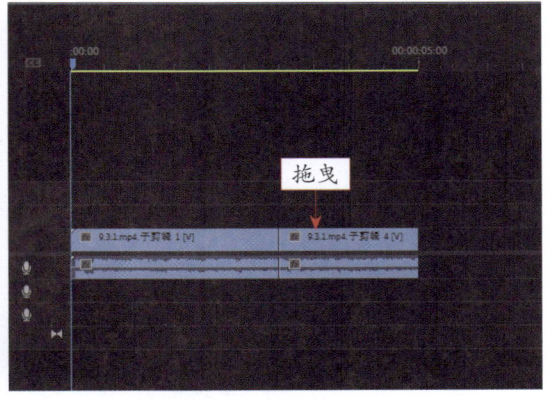   图 9-37 将素材拖曳至"时间线"面板中(2)

STEP 12 同时选择两个子剪辑片段,单击鼠标右键,在弹出的快捷菜单中选择"嵌套"命令,如图 9-38 所示。

STEP 13 弹出"嵌套序列名称"对话框,单击"确定"按钮,即可嵌套序列,将视频轨道中的素材重新合成一个片段,如图 9-39 所示。

159

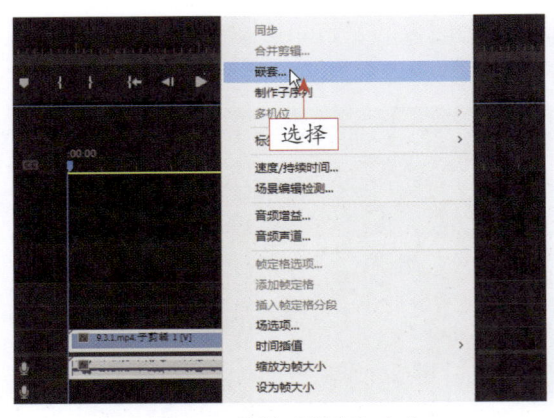

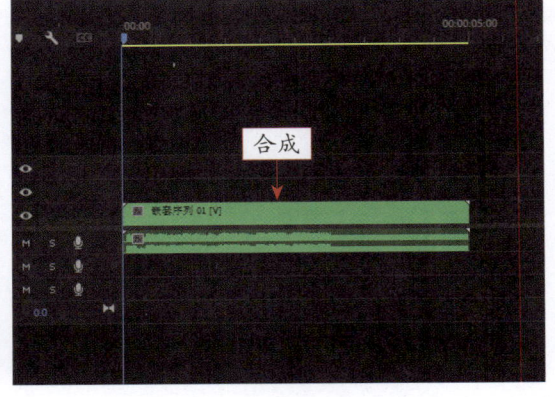

图 9-38 选择"嵌套"命令　　　　　图 9-39 重新合成一个片段

9.3.2 自动调色：提高视频画面的美感

【效果展示】：使用 Premiere Pro 2023 中的自动调色功能，新手也能一键搞定视频调色，提高视频画面的美感，吸引观众的眼球。调色前、后的效果对比如图 9-40 所示。

图 9-40 调色前、后的效果对比展示

下面介绍在 Premiere Pro 2023 中运用"自动"功能完成画面调色的具体操作方法。

STEP 01 选择"文件"|"打开项目"命令，打开一个项目文件，在视频轨道中选择需要自动调色的视频素材，这里选择 V2 轨道上的素材，如图 9-41 所示。

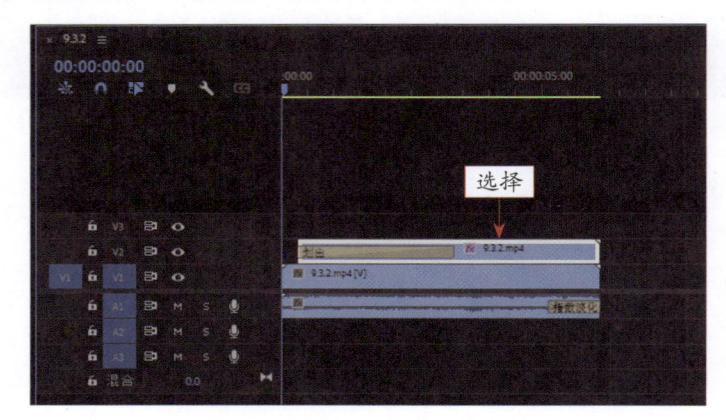

图 9-41 选择 V2 轨道上的素材

STEP 02 在 Premiere 工作界面的右上方单击"工作区"按钮，在打开的下拉列表框中选择"颜色"选项，如图 9-42 所示。

STEP 03 切换至"颜色"工作区，展开"Lumetri 颜色"面板，在"基本校正"选项区中单击"自动"按钮，如图 9-43 所示，面板中的各项调色参数会自动发生变化。

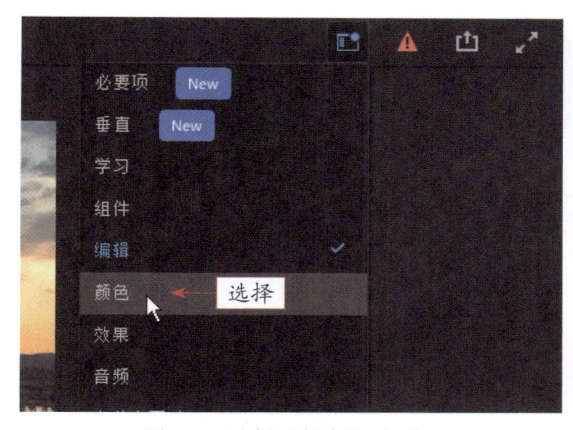

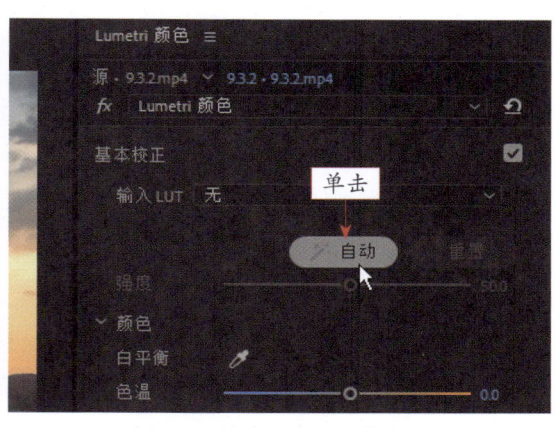

图 9-42 选择"颜色"选项　　　　　图 9-43 单击"自动"按钮

STEP 04 如果用户对画面色彩有自己的想法，还可以在自动设置的参数基础上手动进行调整。也可以单击"重置"按钮，将所有参数重置，然后在"基本校正"选项区中设置各个参数，例如设置"色彩"为 27.0、"饱和度"为 200.0、"对比度"为 31.0、"阴影"为 55.0、"黑色"为 40.0，如图 9-44 所示，使画面的颜色变得更加浓郁、唯美。至此，完成对素材的调色操作。

图 9-44 设置各个参数

9.3.3 语音识别：自动生成字幕

【效果展示】：Premiere Pro 2023 具备 AI 自动识别语音功能，可以根据视频中的语音内容自动生成字幕文件，语音转字幕功能既节省了输入文字的时间，又提高了视频后期处理的效率，效果如图 9-45 所示。

图 9-45 效果展示

下面介绍在 Premiere Pro 2023 中通过语音识别功能自动生成字幕的具体操作方法。

STEP 01 选择"文件"|"打开项目"命令，打开一个项目文件，如图 9-46 所示，在"项目"面板中共有两段视频素材。

STEP 02 同时选择这两段视频素材，按住鼠标左键将其拖曳至视频轨道中，如图 9-47 所示。

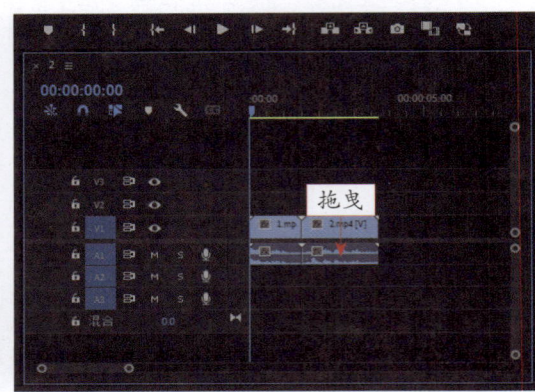

图 9-46 打开一个项目文件　　　　　图 9-47 将素材拖曳至视频轨道中

STEP 03 在界面的左上方展开"文本"面板，在"字幕"选项卡中单击"转录序列"按钮，如图 9-48 所示。

STEP 04 弹出"创建转录文本"对话框，设置"语言"为"简体中文"，单击"转录"按钮，如图 9-49 所示，即可自动识别并生成相应的转录文本。

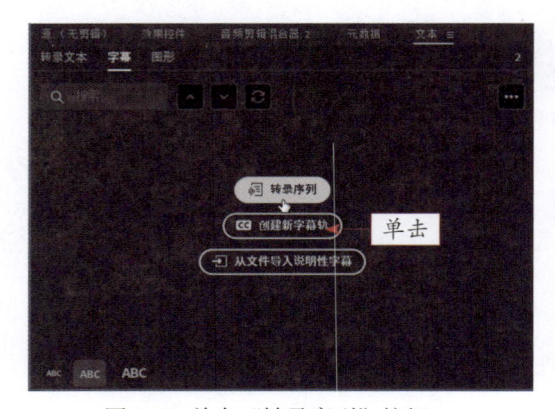

图 9-48 单击"转录序列"按钮　　　　　图 9-49 单击"转录"按钮

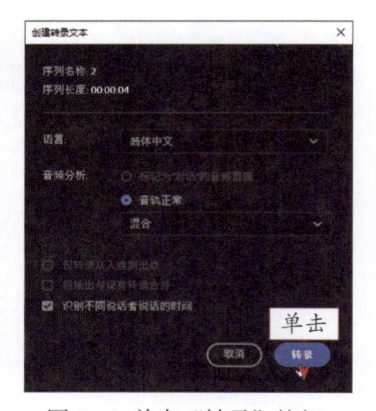

STEP 05 在"转录文本"选项卡中,用户可以查看生成的文本内容,如果有需要修改的地方,可以在此进行修改,也可以在生成字幕后进行修改。这里以在生成字幕后进行修改为例,介绍相应的操作方法。在"转录文本"选项卡中单击"创建说明性字幕"按钮 CC,如图9-50所示。

STEP 06 弹出"创建字幕"对话框,设置"行数"为"单行",单击"创建"按钮,如图9-51所示。

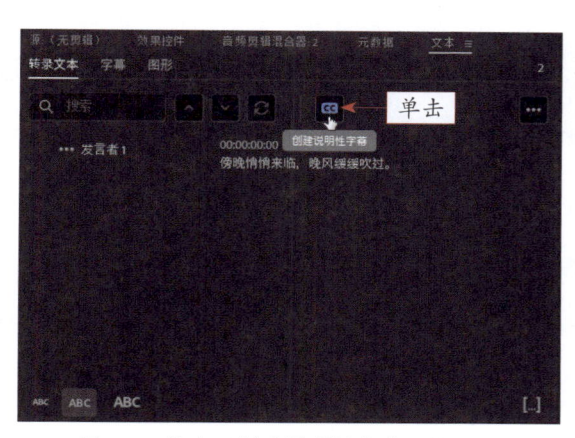

图 9-50 单击"创建说明性字幕"按钮　　　　图 9-51 单击"创建"按钮

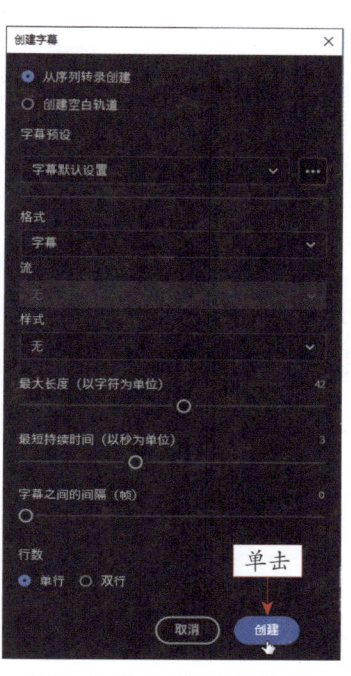

STEP 07 稍等片刻,即可在"时间线"面板中生成对应的字幕。在"字幕"选项卡中可以查看生成的字幕效果,用户此时可以对字幕进行编辑处理。例如,要将字幕拆分为两段,需要先选择字幕,单击右上角的 ... 按钮,在打开的下拉列表框中选择"拆分字幕"选项,如图9-52所示。

STEP 08 执行操作后,即可将字幕拆分为两段,但字幕内容保持不变,用户需要分别双击两段字幕,对内容进行修改,如图9-53所示。

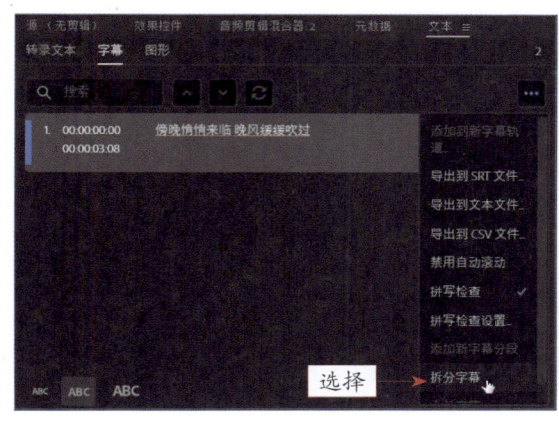

图 9-52 选择"拆分字幕"选项　　　　图 9-53 修改文本内容

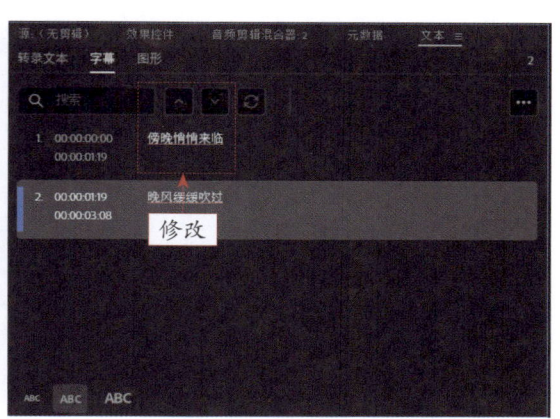

STEP 09 在"时间线"面板中调整两段字幕的时长,如图9-54所示。

STEP 10 双击第1段字幕,在展开的"基本图形"面板中切换至"编辑"选项卡,更改文本字体,设置"字体大小"为80、"字距调整"为180,如图9-55所示,调整文本的样式。采用同样的方法,为第2段字幕设置相同的样式,即可完成字幕的添加。

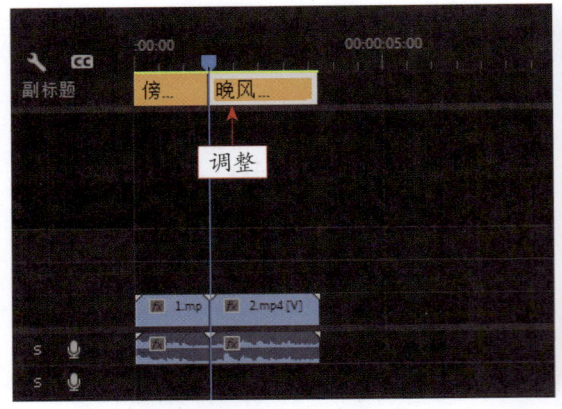

图 9-54 调整两段字幕的时长　　　　　　　图 9-55 设置相应的参数

9.4 剪映的 3 个文本 AI 功能

在剪辑视频时,经常需要在其中添加文本字幕,并为添加的文本进行配音。如何在剪辑文本内容时变得更高效、更便捷呢?当然是借助AI。剪映的AI功能中包含文本朗读、识别歌词及识别字幕3个功能,本节将使用剪映电脑版为大家详细介绍相关的操作方法。

9.4.1 文本朗读:对文本进行 AI 配音

【效果展示】:剪映电脑版中的"文本朗读"功能可以为文本内容进行AI配音,从而实现文本变语音的转化,提升观众的观看体验,视频效果如图9-56所示。

图 9-56 视频效果展示

下面介绍在剪映电脑版中运用"文本朗读"功能,对视频进行AI配音的具体操作方法。

第 9 章 AIGC 视频生成视频剪辑处理

STEP 01 在"本地"选项卡中导入素材,单击视频素材右下角的"添加到轨道"按钮 ➕,如图 9-57 所示,即可将素材添加到视频轨道中。

STEP 02 拖曳时间轴至 00:00:00:15 的位置,切换至"文本"功能区,在"新建文本"选项卡中单击"默认文本"右下角的"添加到轨道"按钮 ➕,如图 9-58 所示,为视频添加一段文本。

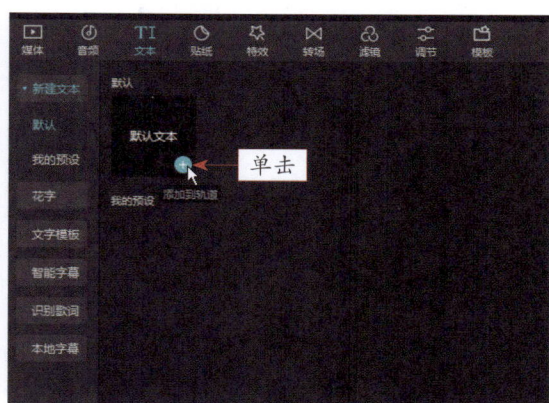

图 9-57 单击"添加到轨道"按钮(1)　　图 9-58 单击"添加到轨道"按钮(2)

STEP 03 在"文本"操作区的"基础"选项卡中,输入相应的文字内容,设置合适的字体,并设置"字号"为 10,如图 9-59 所示,缩小文本。

STEP 04 切换至"花字"选项卡,选择一个合适的花字样式,如图 9-60 所示。

图 9-59 设置"字号"参数　　图 9-60 选择花字样式

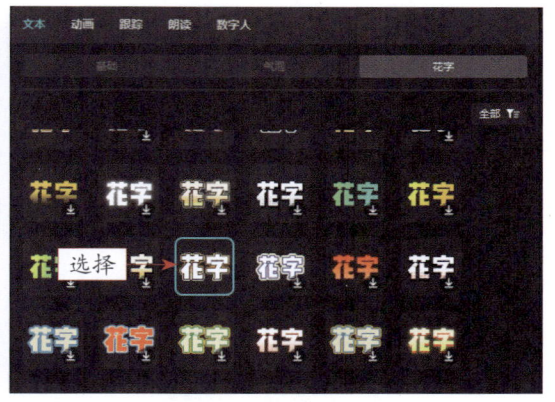

STEP 05 切换至"动画"操作区,在"入场"选项卡中选择"逐字显影"动画,如图 9-61 所示。

STEP 06 切换至"出场"选项卡,选择"模糊"动画,如图 9-62 所示,即可为文本添加入场和出场动画。

STEP 07 在"播放器"面板中调整文字的位置,如图 9-63 所示。

STEP 08 拖曳时间轴至文本的起始位置,依次按【Ctrl + C】组合键和【Ctrl + V】组合键,即可复制并粘贴一段文字,如图 9-64 所示。

图 9-61 选择"逐字显影"动画　　　　图 9-62 选择"模糊"动画

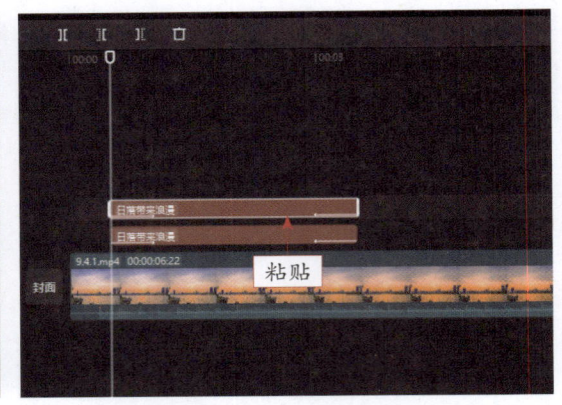

图 9-63 调整文字的位置　　　　图 9-64 复制并粘贴一段文字

STEP 09 在"基础"选项卡中修改粘贴文本的内容，如图 9-65 所示。

STEP 10 同时选中两段文本，切换至"朗读"操作区，选择"亲切女声"音色，单击"开始朗读"按钮，如图 9-66 所示。

STEP 11 稍等片刻，即可生成对应的朗读音频。调整两段音频的位置，并根据音频的位置和时长调整两段文本的位置与时长，如图 9-67 所示。

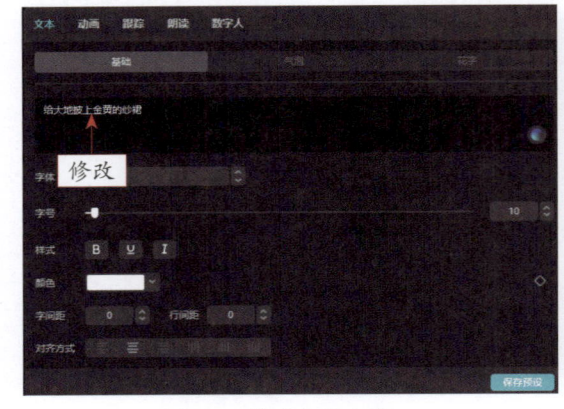

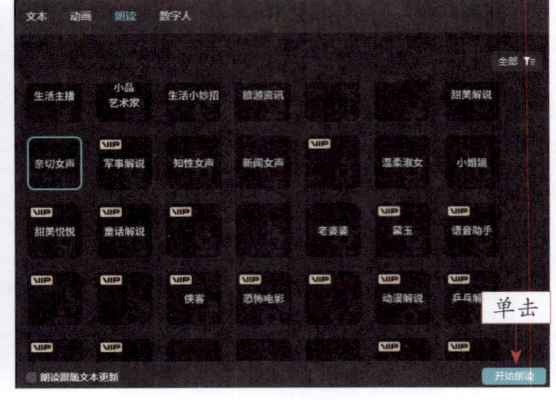

图 9-65 修改文字内容　　　　图 9-66 单击"开始朗读"按钮

166

STEP 12 选择视频素材，单击鼠标右键，在弹出的快捷菜单中选择"分离音频"命令，如图 9-68 所示。

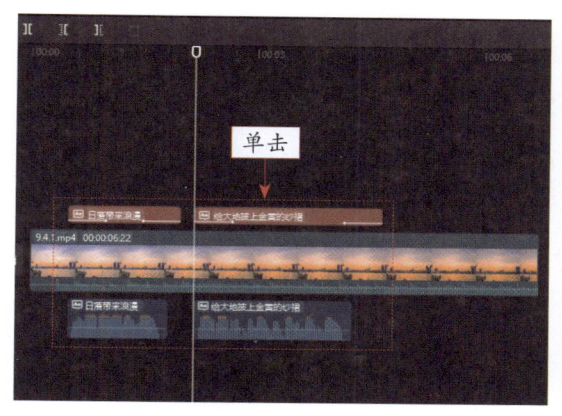

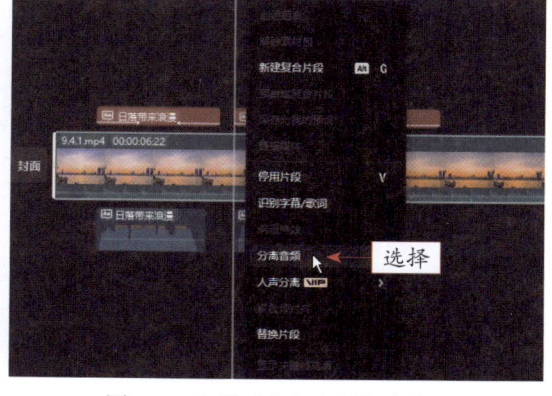

图 9-67 调整音频和文本的位置与时长　　　　图 9-68 选择"分离音频"命令

STEP 13 执行操作后，即可将音频分离出来，选择背景音乐，如图 9-69 所示。

STEP 14 在"基础"操作区中，将背景音乐的"音量"设置为 –10.0dB，如图 9-70 所示，避免背景音乐干扰到朗读音频。

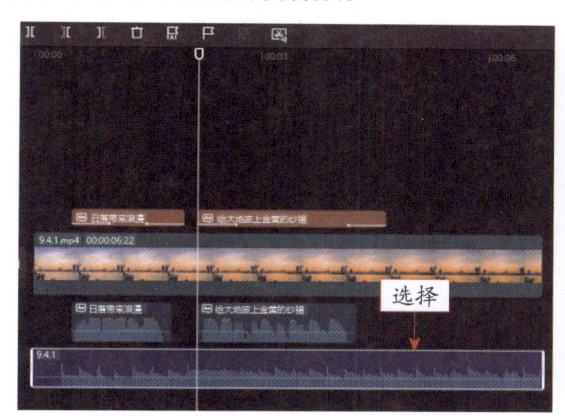

图 9-69 选择背景音乐　　　　图 9-70 设置"音量"参数

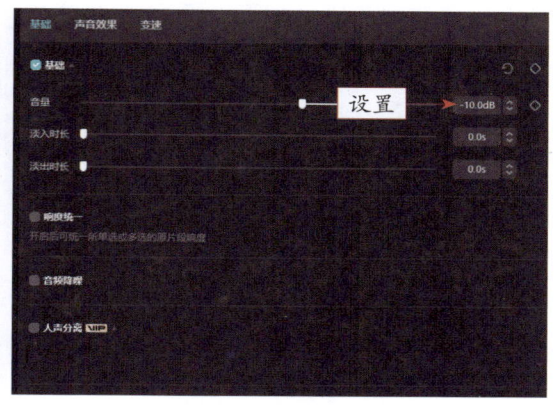

> ▶ 专家指点
>
> 　　当视频中有两段或更多的音频时，用户最好通过音量调节来避免音频重叠部分互相干扰，从而影响视频的听感。一般来说，用户可以不调整或调高主音频的音量，并将其他音频的音量调低，从而达到突出主音频的目的。

9.4.2 识别歌词：为视频添加动态歌词

【效果展示】：剪映电脑版中的"识别歌词"功能能够自动识别音频中的歌词内容，从而快速地为背景音乐添加动态歌词，效果如图 9-71 所示。

图 9-71 效果展示

下面介绍在剪映电脑版中运用"识别歌词"功能生成动态歌词的具体操作方法。

STEP 01 导入视频素材，切换至"文本"功能区，选择"识别歌词"选项卡，单击"开始识别"按钮，如图 9-72 所示。

STEP 02 稍等片刻，即可生成歌词文本，如图 9-73 所示。

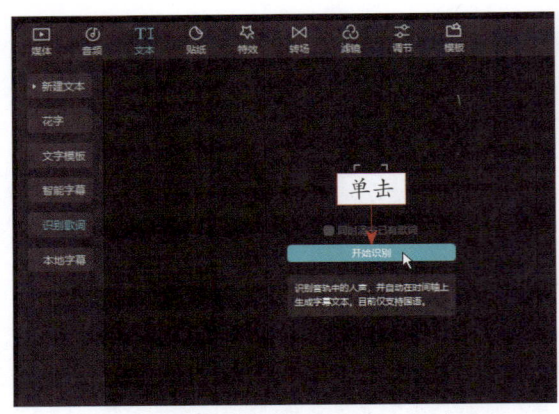

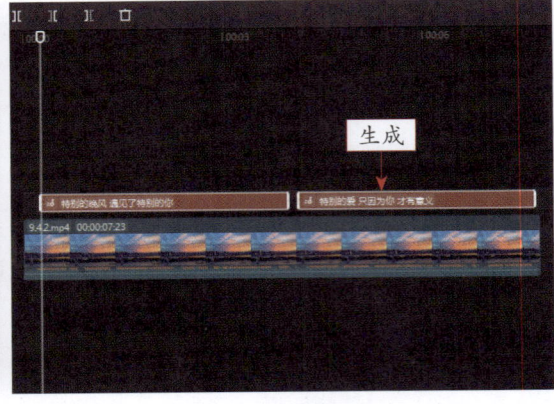

图 9-72 单击"开始识别"按钮　　　　图 9-73 生成歌词文本

STEP 03 根据歌曲内容对文本进行分割，并调整相应的文本内容，如图 9-74 所示。

STEP 04 选择第 1 段文字，在"文本"操作区的"基础"选项卡中设置合适的字体，并设置"字号"为 8，如图 9-75 所示，放大文本。

STEP 05 ❶切换至"花字"选项卡；❷选择合适的花字样式，如图 9-76 所示。

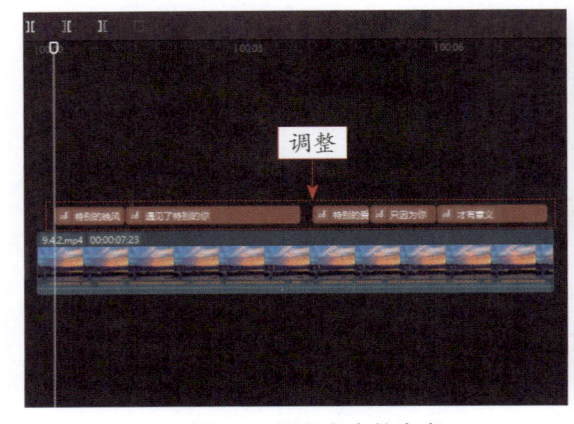

图 9-74 调整文本的内容　　　　图 9-75 设置"字号"参数

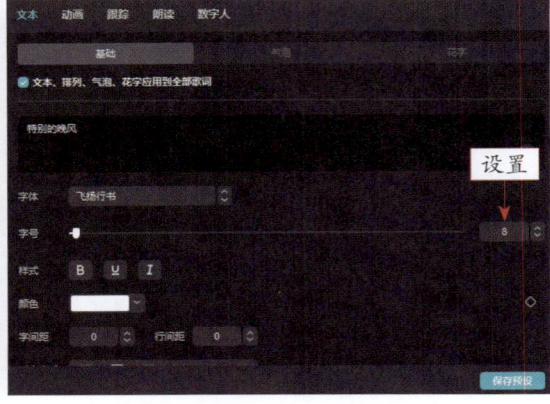

168

STEP 06 切换至"动画"操作区,选择"波浪弹入"入场动画,拖曳滑块,设置"动画时长"为最长,如图 9-77 所示。

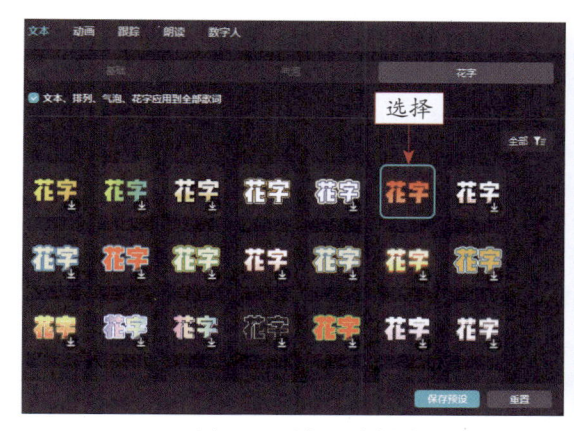

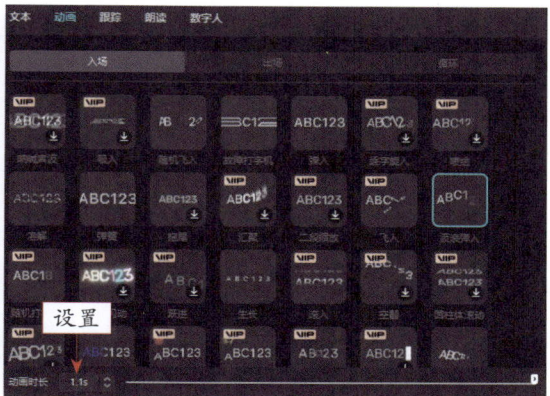

图 9-76 选择花字样式　　　　图 9-77 设置"动画时长"为最长(1)

STEP 07 采用与上同样的方法,为其他歌词文本添加"波浪弹入"入场动画,设置"动画时长"为最长,如图 9-78 所示。

图 9-78 设置"动画时长"为最长(2)

▶ 专家指点

　　运用"识别歌词"功能生成的文字不管有多少段,都会被视为一个整体,只要设置其中一段文字的位置、大小和文本属性,其他文字也会同步这些设置,为用户节省操作时间。但是,动画、朗读和关键帧的相关设置不会同步,用户如果有需要,则只能对每段文字分别进行设置。运用"智能字幕"功能生成的文字也是同样的道理。

9.4.3 识别字幕:为视频添加同步字幕

扫码看视频

　　【效果展示】:剪映电脑版中的"识别字幕"功能准确率非常高,能够帮助用户快速识别视频中的背景声音并同步添加字幕,效果如图 9-79 所示。

图 9-79 效果展示

下面介绍在剪映电脑版中运用"识别字幕"功能为视频添加同步字幕的具体操作方法。

STEP 01 在"本地"选项卡中导入视频素材，单击其右下角的"添加到轨道"按钮，将视频素材添加到视频轨道中，如图 9-80 所示。

STEP 02 切换至"文本"功能区，选择"智能字幕"选项卡，单击"识别字幕"中的"开始识别"按钮，如图 9-81 所示。

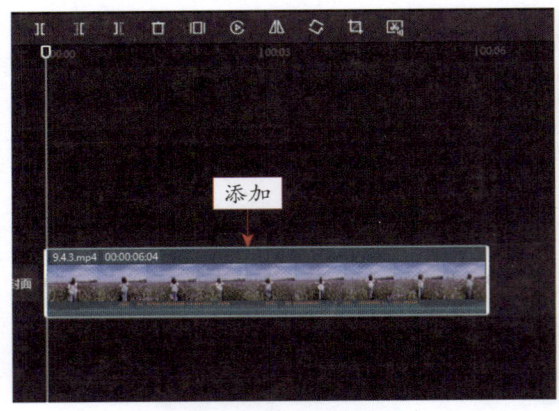

图 9-80 添加视频素材　　　　图 9-81 单击"开始识别"按钮

STEP 03 稍等片刻，即可根据视频中的语音内容生成相应的文本，如图 9-82 所示。

STEP 04 选择第 1 段文本，在"文本"操作区的"基础"选项卡中修改错字，设置合适的字体，设置"字号"参数为 8，如图 9-83 所示，将文字放大。

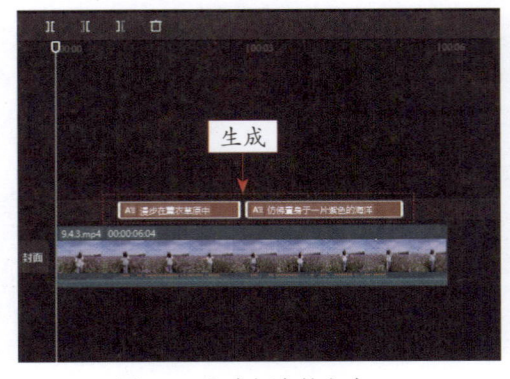

图 9-82 生成相应的文本　　　　图 9-83 设置"字号"参数

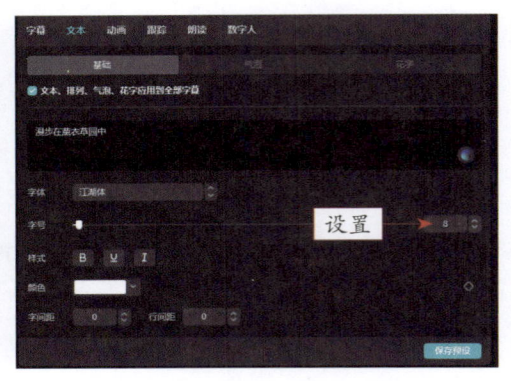

第 9 章 AIGC 视频生成视频剪辑处理

STEP 05 切换至"花字"选项卡，选择合适的花字样式，如图 9-84 所示。

STEP 06 执行操作后，切换至"动画"操作区，在"入场"选项卡中选择"晕开"动画，如图 9-85 所示。

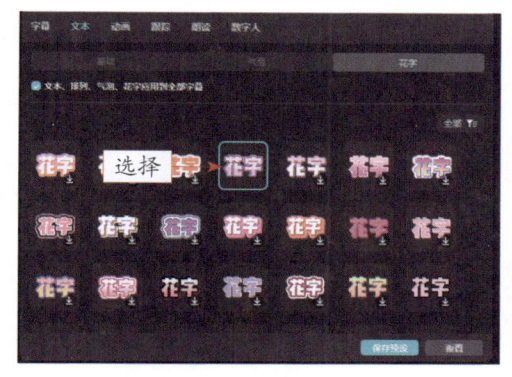

图 9-84 选择花字样式　　　　　　　　　图 9-85 选择"晕开"动画

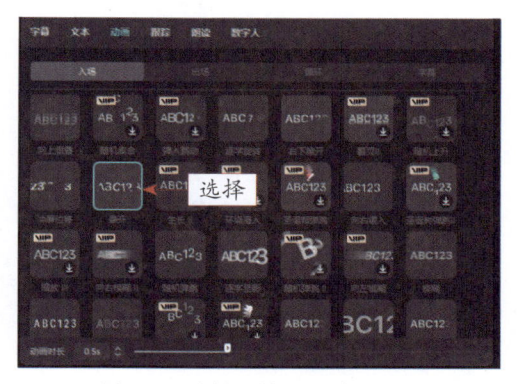

STEP 07 选择第 2 段文本，在"动画"操作区的"入场"选项卡中选择"溶解"动画，如图 9-86 所示，即可为所有文本添加动画效果。

STEP 08 在"播放器"面板中调整文字的位置，如图 9-87 所示，即可完成视频的制作。

图 9-86 选择"溶解"动画　　　　　　　　图 9-87 调整文字的位置

171

实战案例篇

第10章
生成 AIGC 数字人视频

近年来，短视频行业呈现出爆发式增长趋势，成为一种广受欢迎的内容形式，并逐渐取代长视频，成为人们获取信息的主要途径。数字人可以变身为视频博主，轻松打造不同风格的虚拟网红形象。本章主要介绍使用剪映生成 AIGC 数字人视频的实战技巧。

10.1 AIGC 数字人视频效果展示

【效果展示】：本案例主要以无人机航拍攻略教程为例，介绍使用剪映电脑版生成 AIGC 数字人视频的方法，效果如图 10-1 所示。

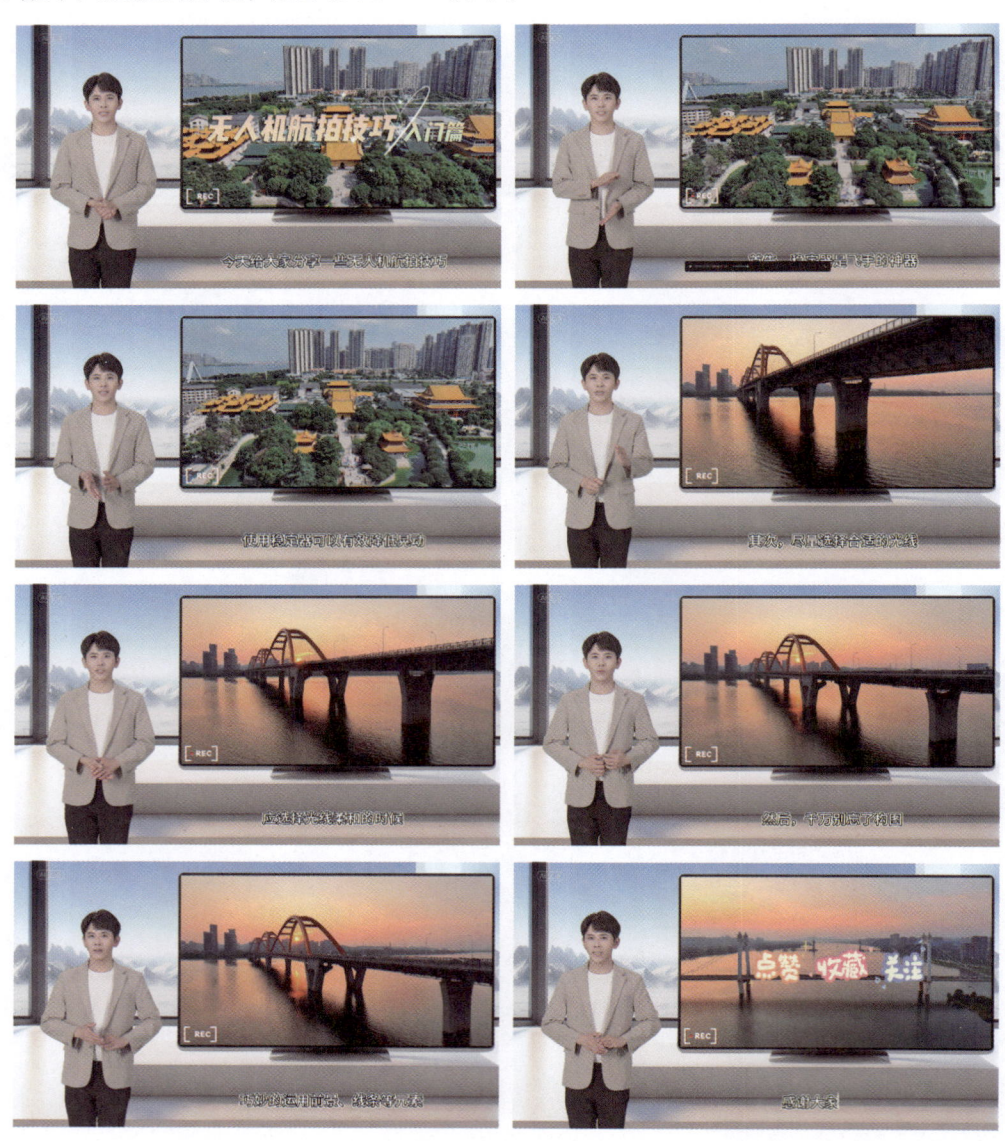

图 10-1 效果展示

10.2 生成与编辑数字人的 3 个技巧

AI 数字人可以作为虚拟视频博主，在为观众带来更加丰富的视觉体验的同时，还可以快速引流吸粉，在短视频行业获得更多收益。在本节中，将介绍使用剪映快速生成和编辑 AI 数字人的相关技巧。

10.2.1 技巧1：生成数字人

用户在通过剪映创建数字人之前，首先要添加一个文本素材，才能看到数字人的创建入口，具体操作方法如下。

STEP 01 打开剪映电脑版，进入"首页"界面，单击"开始创作"按钮，如图 10-2 所示。

图 10-2 单击"开始创作"按钮

STEP 02 执行操作后，即可新建一个草稿并进入剪映的视频创作界面，切换至"文本"功能区，在"新建文本"选项卡中单击"默认文本"右下角的"添加到轨道"按钮，添加一个默认文本。此时可以在操作区中看到"数字人"标签，单击该标签切换至"数字人"操作区，选择相应的数字人后，单击"添加数字人"按钮，如图 10-3 所示。

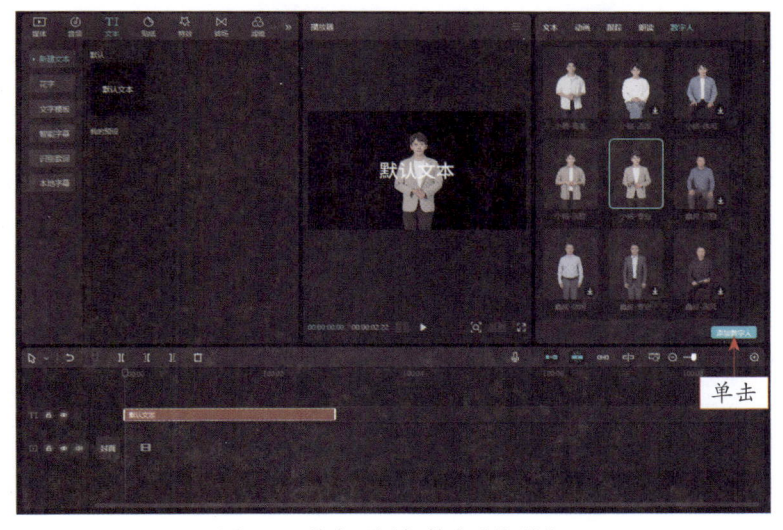

图 10-3 单击"添加数字人"按钮

STEP 03 执行操作后，即可将所选的数字人添加到轨道中，并显示相应的渲染进度，如图 10-4 所示。数字人渲染完成后，选中文本素材，单击"删除"按钮，将其删除即可。

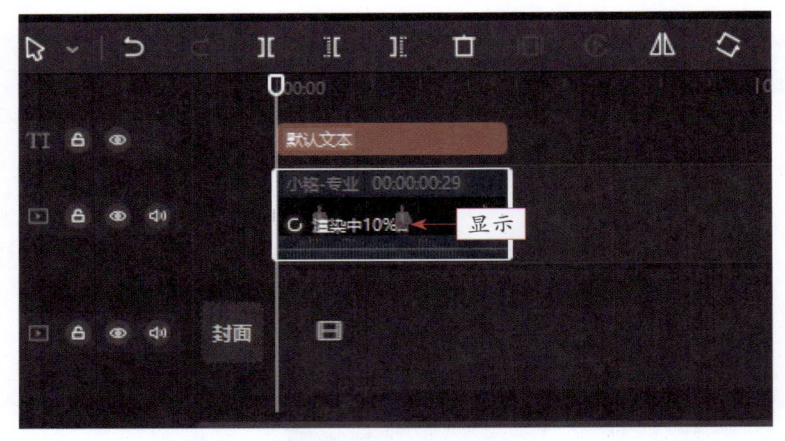

图 10-4 显示渲染进度

▶ 专家指点

在"数字人形象"操作区中，切换至"景别"选项卡，可以改变数字人在视频画面中的景别，包括远景、中景、近景和特写 4 种类型。

10.2.2 技巧 2：生成智能文案

使用剪映的"智能文案"功能，可以一键生成数字人的视频文案，为用户节省大量的时间和精力，具体操作方法如下。

STEP 01 选择视频轨道中的数字人素材，切换至"文案"操作区，单击"智能文案"按钮，如图 10-5 所示。

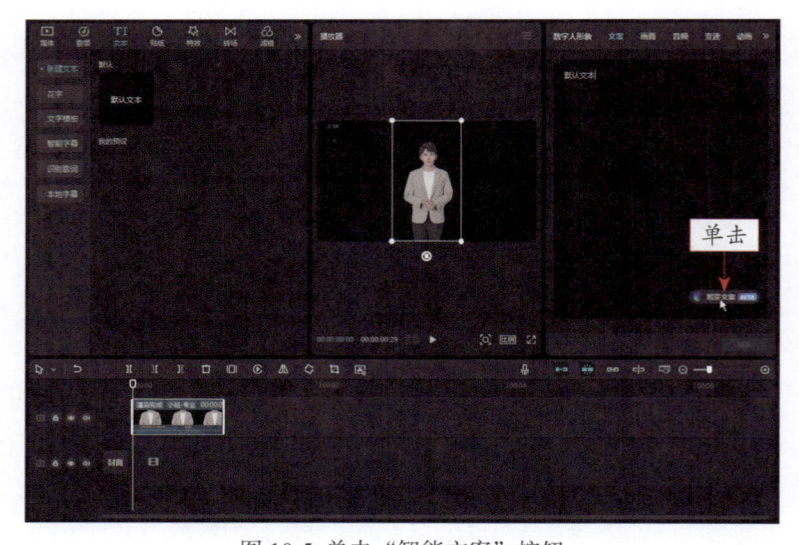

图 10-5 单击"智能文案"按钮

第 10 章 生成 AIGC 数字人视频

STEP 02 执行操作后，弹出"智能文案"对话框，单击"写口播文案"按钮，确定要创作的文案类型，如图 10-6 所示。

STEP 03 在文本框中输入相应的文案要求，如"写一篇无人机航拍技巧的文章，300 字左右"，如图 10-7 所示。

图 10-6 单击"写口播文案"按钮　　　　　图 10-7 输入相应的文案要求

▶ 专家指点

在"智能文案"对话框中，单击"写营销文案"按钮，输入相应的产品名称和卖点，可以一键生成营销文案。

STEP 04 单击"发送"按钮，剪映即可根据用户输入的要求生成对应的文案内容，如图 10-8 所示。

STEP 05 单击"下一个"按钮，剪映会重新生成文案内容，如图 10-9 所示，当生成令用户满意的文案后，单击"确认"按钮即可。

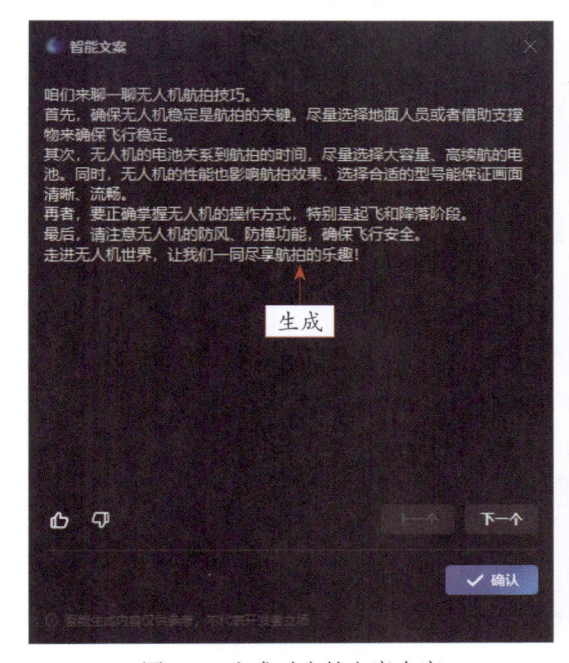

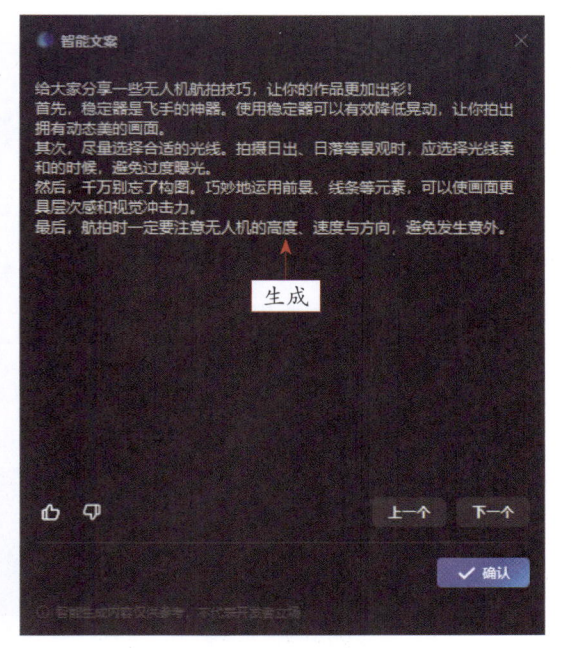

图 10-8 生成对应的文案内容　　　　　图 10-9 重新生成文案内容

STEP 06 执行操作后，即可将智能文案填入到"文案"操作区中，如图 10-10 所示。

STEP 07 对文案内容进行适当删减和修改，单击"确认"按钮，如图 10-11 所示。

STEP 08 执行上述操作后，即可自动更新数字人音频，并完成数字人轨道的渲染，如图 10-12 所示。

177

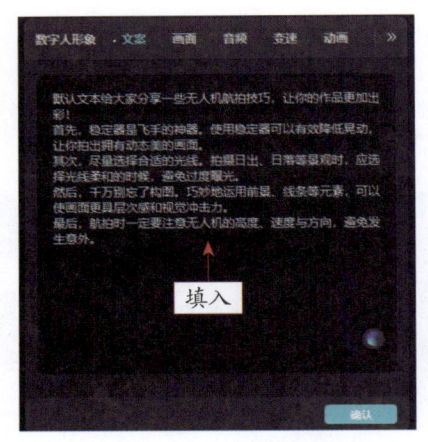

图 10-10 填入"文案"操作区中

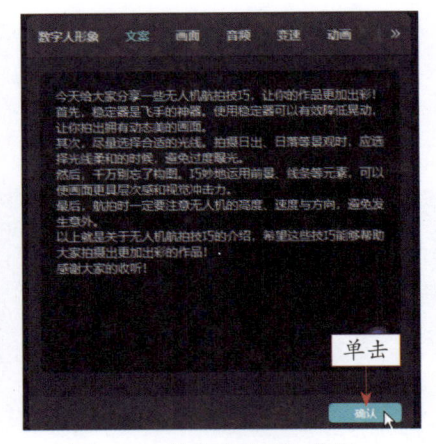

图 10-11 单击"确认"按钮

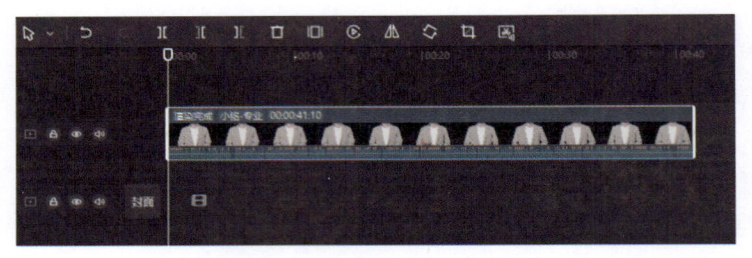

图 10-12 完成数字人轨道的渲染

10.2.3 技巧3：美化数字人形象

使用剪映的"美颜美体"功能，可以对数字人的面部和身体等细节进行调整和美化，以达到更好的视觉效果，具体操作方法如下。

STEP 01 选择视频轨道中的数字人素材，切换至"画面"操作区的"美颜美体"选项卡中，选择"美颜"复选框，剪映会自动选中人物脸部，设置"磨皮"为25、"美白"为12，如图10-13所示。"磨皮"主要是为了减少图片的粗糙程度，使皮肤看起来更加光滑；"美白"主要是为了调整肤色，使皮肤看起来更加白皙。

图 10-13 设置"美颜"参数

第 10 章 生成 AIGC 数字人视频

STEP 02 在"美颜美体"选项卡的下方选择"美体"复选框,设置"瘦身"为 66,将数字人的身材变得更瘦一些,如图 10-14 所示。

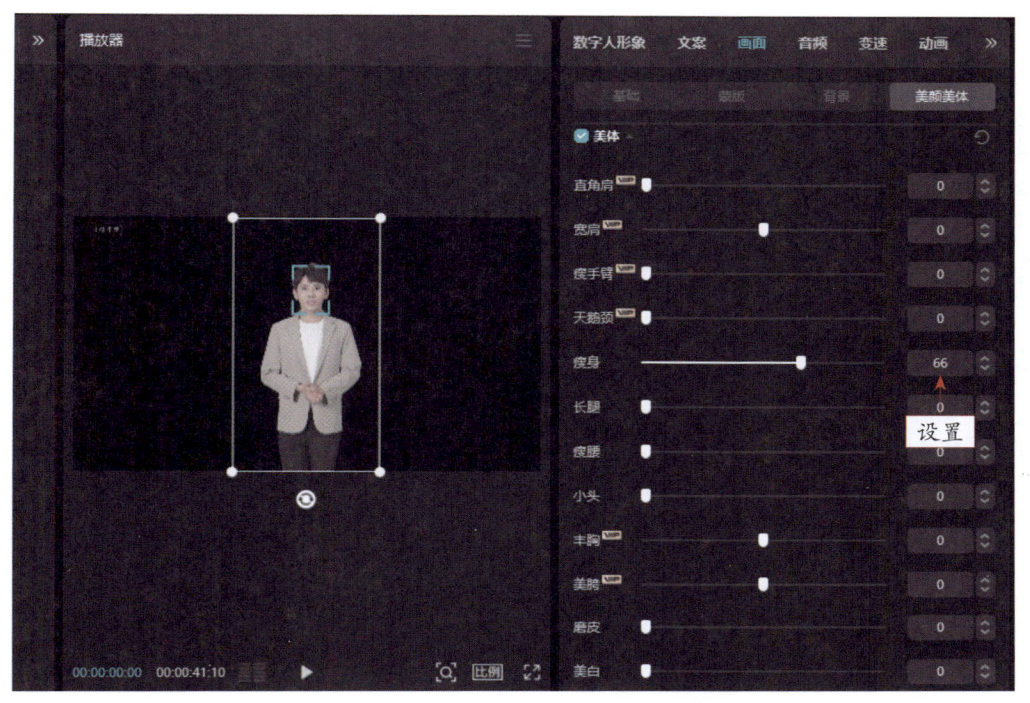

图 10-14 设置"美体"参数

> ▶ 专家指点
>
> 通过剪映的"美颜美体"功能,用户可以轻松地调整和改善数字人的形象,包括美化面部、身体塑形和改变身材比例等。这些功能为数字人的制作提供了更加多样化的美化和编辑工具,能够让数字人更具吸引力和观赏性。

10.3 优化数字人效果的 5 个步骤

制作好数字人的播报内容和人物形象后,用户还可以通过剪映来制作数字人视频的背景画面、添加素材、同步字幕、添加片头和贴纸,以及添加背景音乐等内容,进一步优化数字人视频效果,方便、快捷地制作出高质量的数字人视频作品。

10.3.1 步骤 1:制作数字人背景效果

剪映中的数字人有很多内置的背景素材,此外,用户还可以给数字人添加自定义的背景效果,具体操作方法如下。

STEP 01 接上一节进行操作，切换至"媒体"功能区，在"本地"选项卡中单击"导入"按钮，如图 10-15 所示。

STEP 02 执行操作后，弹出"请选择媒体资源"对话框，选择相应的背景图片素材，如图 10-16 所示。

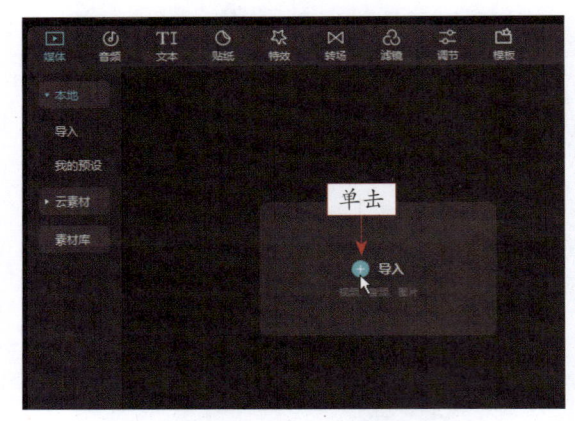

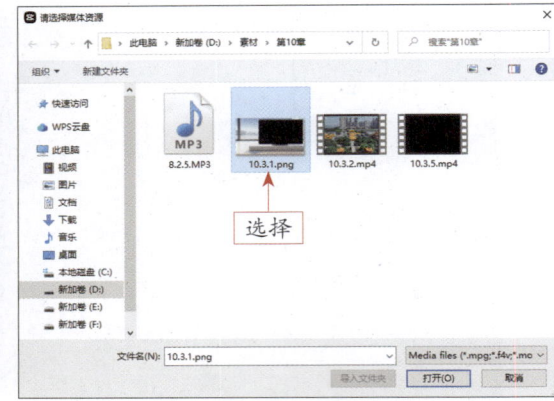

图 10-15 单击"导入"按钮　　　　　　　　图 10-16 选择相应的背景图片素材

STEP 03 单击"打开"按钮，即可将背景图片素材导入至"媒体"功能区中。单击背景图片素材右下角的"添加到轨道"按钮，将素材添加到主轨道中，并适当调整背景图片素材的时长，使其与数字人的时长保持一致，如图 10-17 所示。

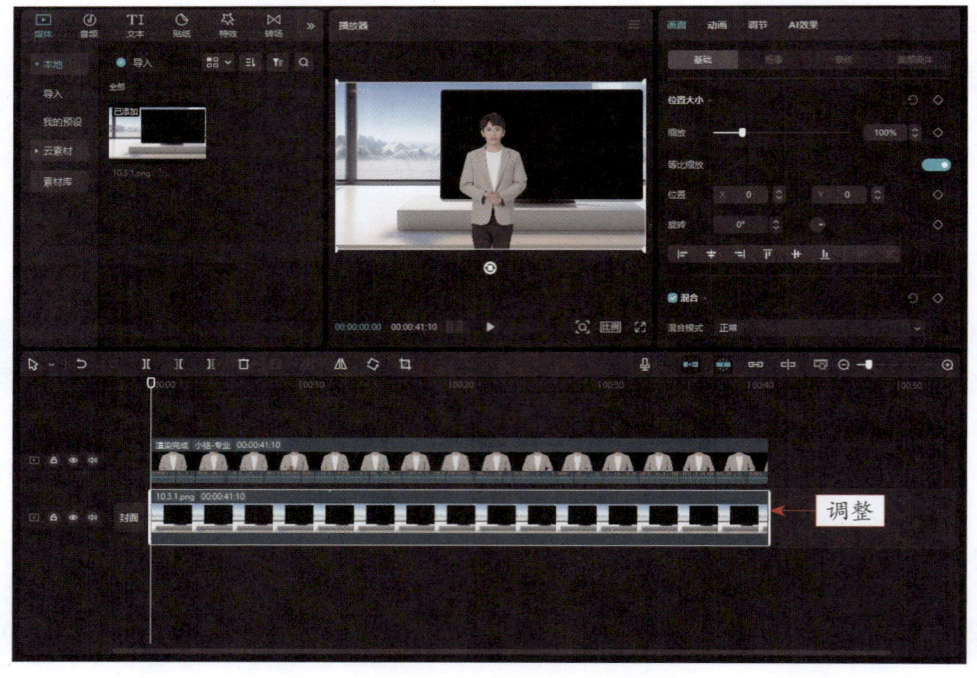

图 10-17 适当调整背景图片素材的时长

10.3.2 步骤2：添加无人机视频素材

除了可以添加图片素材，用户还可以在剪映中导入视频素材，使其与数字人相结合，丰富画面的内容，具体操作方法如下。

STEP 01 在"媒体"功能区的"本地"选项卡中单击"导入"按钮，导入一个用无人机拍摄的视频素材，如图10-18所示。

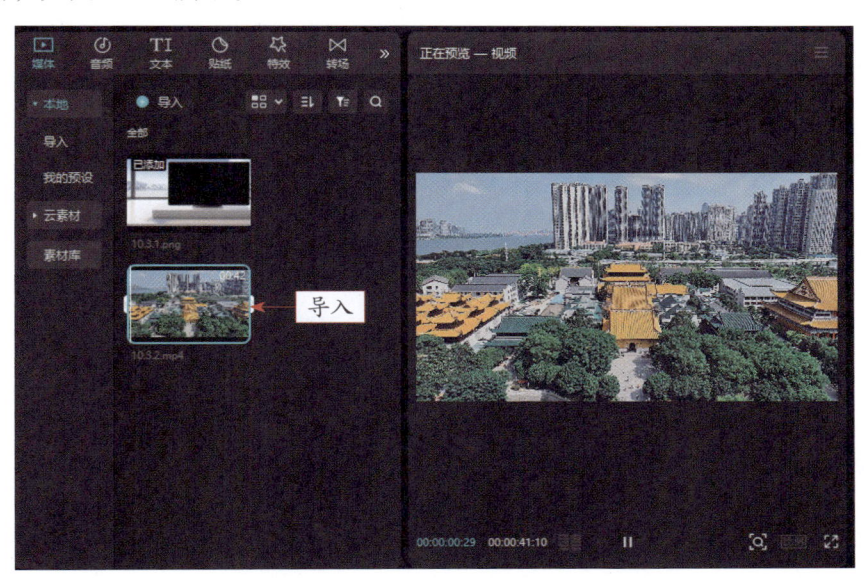

图 10-18 导入无人机视频素材

STEP 02 将无人机视频素材拖曳至画中画轨道中，如图10-19所示，注意调整轨道上所有素材的时长，使它们保持一致。

图 10-19 将无人机视频素材拖曳至画中画轨道中

181

STEP 03 选择画中画轨道中的无人机视频素材，切换至"画面"操作区的"基础"选项卡中，在"位置大小"选项区中设置"缩放"为64%、"X位置"为631、"Y位置"为277，适当调整无人机视频在画面中的大小和位置，如图10-20所示。

图10-20 调整无人机视频在画面中的大小和位置

STEP 04 选择数字人素材，设置"X位置"为–1265、"Y位置"为0，适当调整数字人在画面中的位置，如图10-21所示。

图10-21 调整数字人在画面中的位置

10.3.3 步骤3：添加数字人同步字幕

使用剪映的"智能字幕"功能，可以一键为数字人视频添加同步字幕效果，具体操作方法如下。

第 10 章 生成 AIGC 数字人视频

STEP 01 切换至"文本"功能区，单击"智能字幕"按钮，如图 10-22 所示。

STEP 02 执行操作后，切换至"智能字幕"选项卡，单击"识别字幕"选项区中的"开始识别"按钮，如图 10-23 所示。

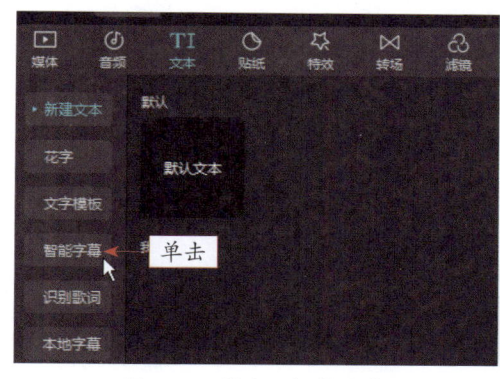

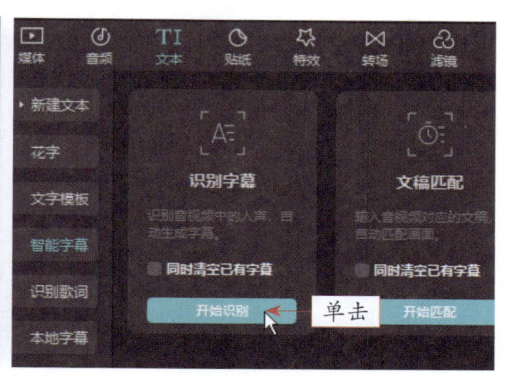

图 10-22 单击"智能字幕"按钮　　图 10-23 单击"开始识别"按钮

STEP 03 执行操作后，即可自动识别数字人中的文案并生成字幕，适当调整字幕在画面中的位置，如图 10-24 所示。

图 10-24 调整字幕在画面中的位置

STEP 04 切换至"文本"操作区的"花字"选项卡中，选择一个花字样式，即可改变字幕效果，如图 10-25 所示。

图 10-25 选择花字样式

183

STEP 05 切换至"动画"操作区的"入场"选项卡中,选择"打字机Ⅳ"动画,并将"动画时长"设置为1.0s,如图10-26所示,给字幕添加入场动画效果。

图10-26 将"动画时长"设置为1.0s

STEP 06 使用相同的操作方法,给其他字幕均添加"打字机Ⅳ"入场动画,效果如图10-27所示。

图10-27 给其他字幕添加入场动画效果

10.3.4 步骤4:添加片头和贴纸效果

为数字人视频添加片头和贴纸效果,不仅可以突出视频的主题,同时还可以通过贴纸与观众互动,吸引更多人的关注,具体操作方法如下。

STEP 01 在"文本"功能区中,切换至"文字模板"|"片头标题"选项卡,选择一个合适的片头标题模板,单击"添加到轨道"按钮,将其添加到轨道中,并适当修改文本内容,调

整文本的大小和位置，如图 10-28 所示。

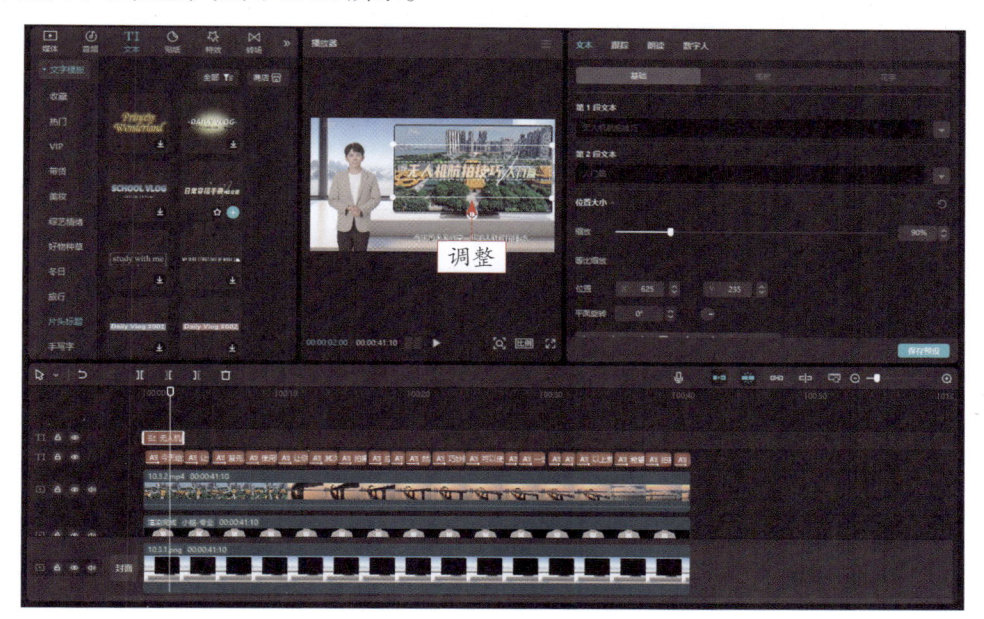

图 10-28 调整片头标题的大小和位置

STEP 02 在"贴纸"功能区中，切换至"界面元素"选项卡，选择相应的录制标签贴纸，单击"添加到轨道"按钮，将其添加到轨道中，并将其时长调整为与主轨道一致。在"播放器"面板中适当调整贴纸的位置和大小，如图 10-29 所示。

图 10-29 调整贴纸的位置和大小

STEP 03 将时间轴拖曳至最后一个字幕素材的开始位置处，在"贴纸"功能区中切换至"互动"选项卡，选择相应的贴纸，单击"添加到轨道"按钮，将其添加到轨道中，并适当调整贴纸的位置、大小和时长，如图 10-30 所示。

185

图 10-30 调整贴纸的位置、大小和时长

10.3.5 步骤5：添加背景音乐效果

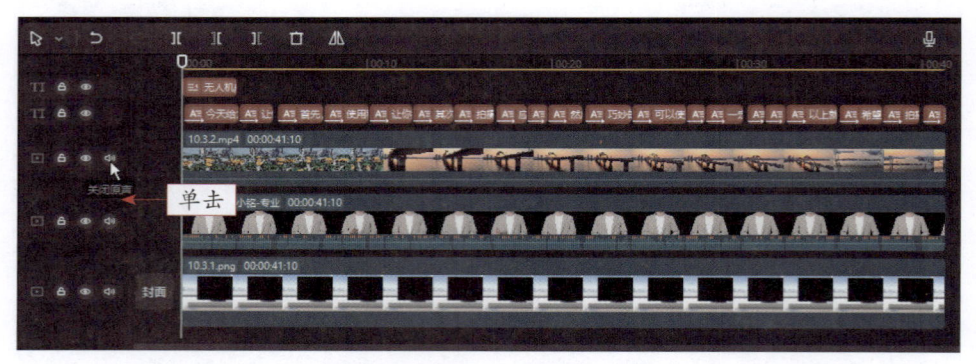

为数字人视频添加背景音乐，可以提升视频的感染力和观看体验，具体操作方法如下。

STEP 01 单击第2条画中画轨道前的"关闭原声"按钮 ，如图10-31所示，将无人机视频中的声音关闭。

图 10-31 单击"关闭原声"按钮

STEP 02 切换至"音频"功能区，在"音频提取"选项卡中单击"导入"按钮，如图10-32所示。

STEP 03 执行上述操作后，弹出"请选择媒体资源"对话框，选择相应的音频素材，如图10-33所示。

第 10 章 生成 AIGC 数字人视频

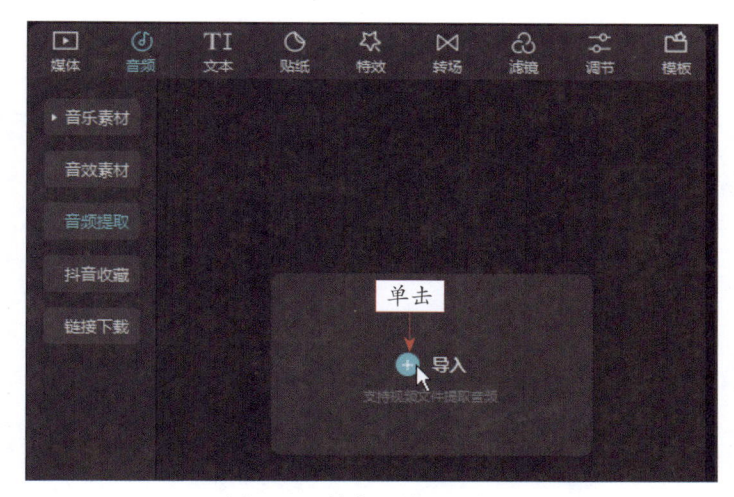

图 10-32 单击"导入"按钮

图 10-33 选择相应的音频素材

STEP 04 单击"打开"按钮，即可提取音频文件，单击右下角的"添加到轨道"按钮，将音频素材添加到轨道中，如图 10-34 所示。

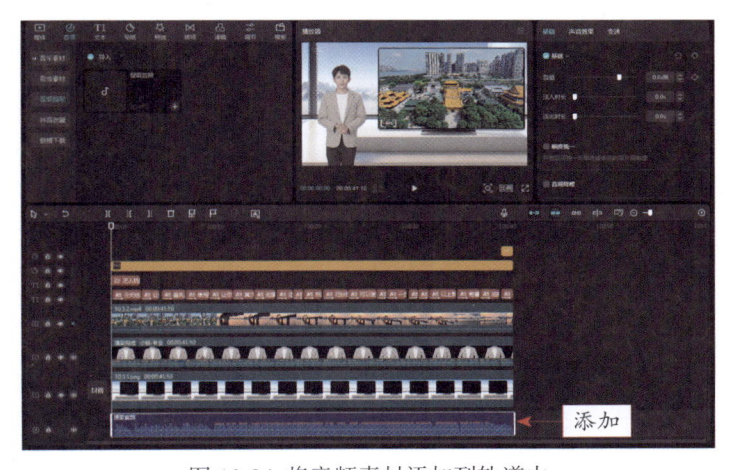

图 10-34 将音频素材添加到轨道中

187

STEP 05 选择音频素材，在"基础"操作区中设置"音量"为 –18.0dB、"淡入时长"为 1.0s、"淡出时长"为 1.0s，适当降低背景音乐的音量，并添加淡入和淡出效果，如图 10-35 所示。

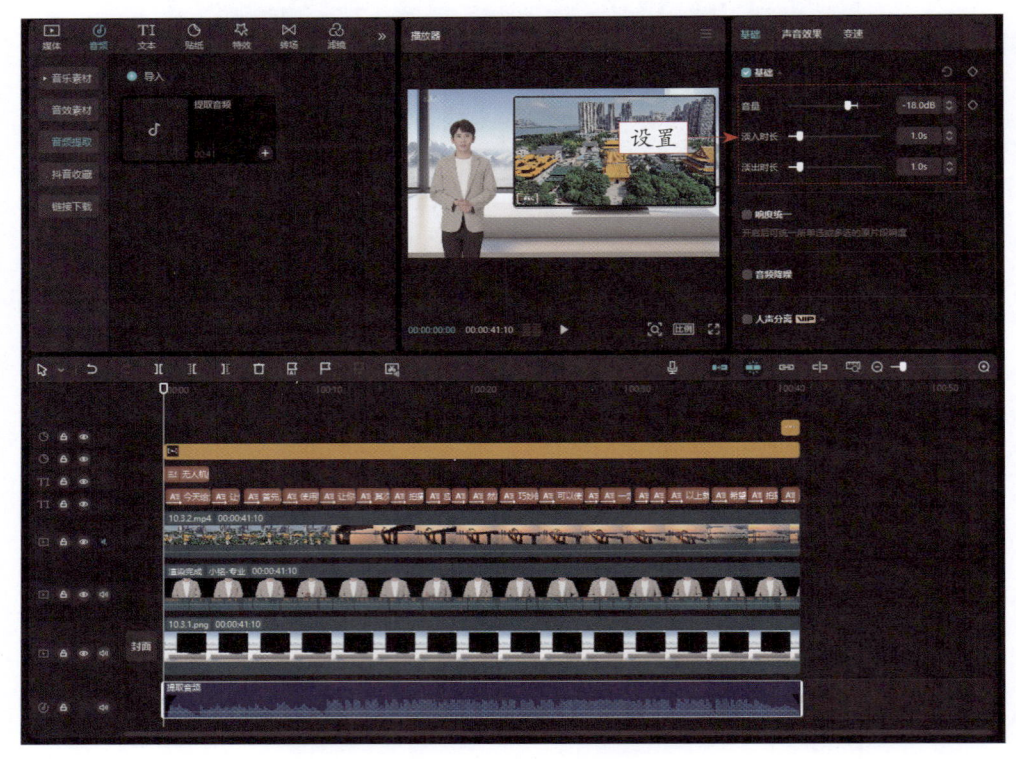

图 10-35 设置音频效果

▶ **专家指点**

在编辑音频素材时，淡入和淡出是常见的音频效果，可以用来调整音频的起始和结束部分。淡入是指音频从无声渐渐到最大音量的过程，而淡出是指音频从最大音量渐渐到无声的过程。

第 11 章
生成 AIGC 演示讲解视频

AI 数字人以其独特的优势，为教育培训领域带来了新的机遇和挑战，有效地弥补了传统教育的不足。AI 数字人可以根据学生的学习进度和需求，进行个性化的演示讲解，提供学习计划和难点解析。本章将介绍使用腾讯智影生成 AIGC 数字人演示讲解视频的实战技巧。

11.1 AIGC 演示讲解视频效果展示

【效果展示】：本案例主要以文章生成视频的操作方法为例，介绍使用腾讯智影生成 AIGC 数字人演示讲解视频的方法，效果如图 11-1 所示。

图 11-1 效果展示

11.2 生成 5 段主体内容

本节主要介绍生成数字人演示讲解视频中主体内容的方法，共包括 5 个数字人片段，例如使用文本驱动数字人、设置数字人形象等操作，帮助大家更好地制作数字人视频，提高教学质量。

11.2.1 生成1：第1个数字人片段

在制作演示讲解数字人视频时，首先需要确定数字人的形象，包括外貌、着装、位置等。数字人的形象应该简洁明了、专业可靠，这样可以让学生更加信任并愿意接受数字人的教学方式。下面介绍制作第1个数字人片段的操作方法。

STEP 01 进入腾讯智影的"创作空间"页面，单击"智能小工具"选项区中的"视频剪辑"按钮，如图11-2所示。

图11-2 单击"视频剪辑"按钮

STEP 02 执行操作后，进入腾讯智影的"视频剪辑"页面，在左侧工具栏中单击"数字人库"按钮，展开"数字人库"面板，在"2D数字人"选项卡中选择数字人"幕瑶"，单击"添加到轨道"按钮，如图11-3所示。

图11-3 单击"添加到轨道"按钮

191

▶ 专家指点

在腾讯智影的"视频剪辑"页面中,支持本地上传素材和手机扫码上传素材,用户也可以直接查看已经保存在"我的资源"面板中的素材。单击"我的资源"面板右下角的"录制"按钮,即可启用"录制"功能,支持"录屏""录音""录像"3种录制方式。例如,使用"录屏"功能可以轻松实现屏幕画面和声音的录制,该功能对于制作演示讲解视频非常有帮助。

STEP 03 执行操作后,即可将数字人添加到轨道区中,在"数字人编辑"面板的"配音"选项卡中,默认设置为"文本驱动"方式,单击其中的文本框,如图11-4所示。

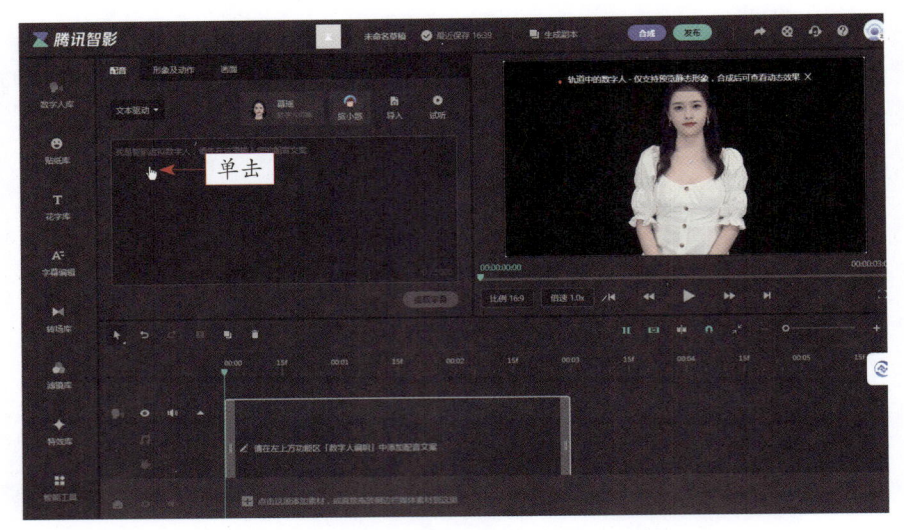

图 11-4 单击"配音"选项卡中的文本框

STEP 04 执行操作后,弹出"数字人文本配音"对话框,输入相应的文案,作为数字人的播报内容,如图11-5所示。

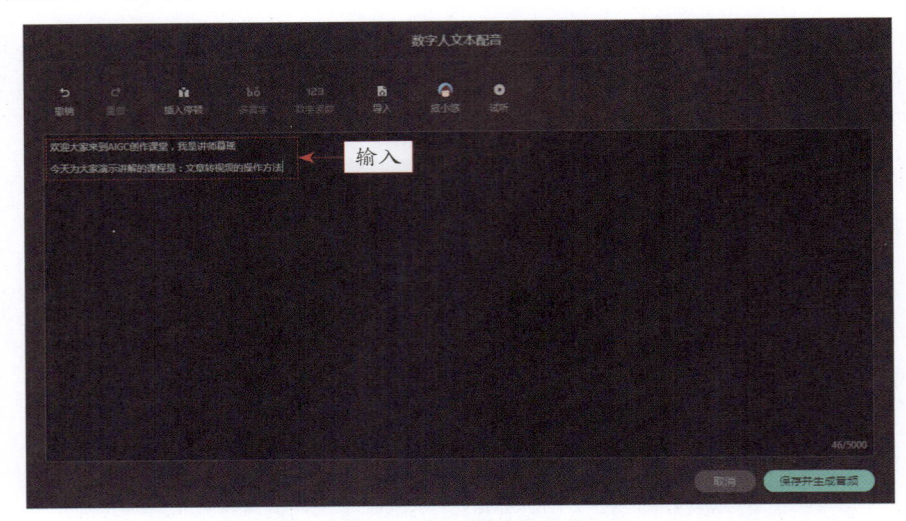

图 11-5 输入相应的文案

STEP 05 在该对话框中单击"试听"按钮,可以试听数字人的播报效果,单击"保存并生成音频"按钮,即可生成数字人同步配音内容,如图11-6所示。

第 11 章 生成 AIGC 演示讲解视频

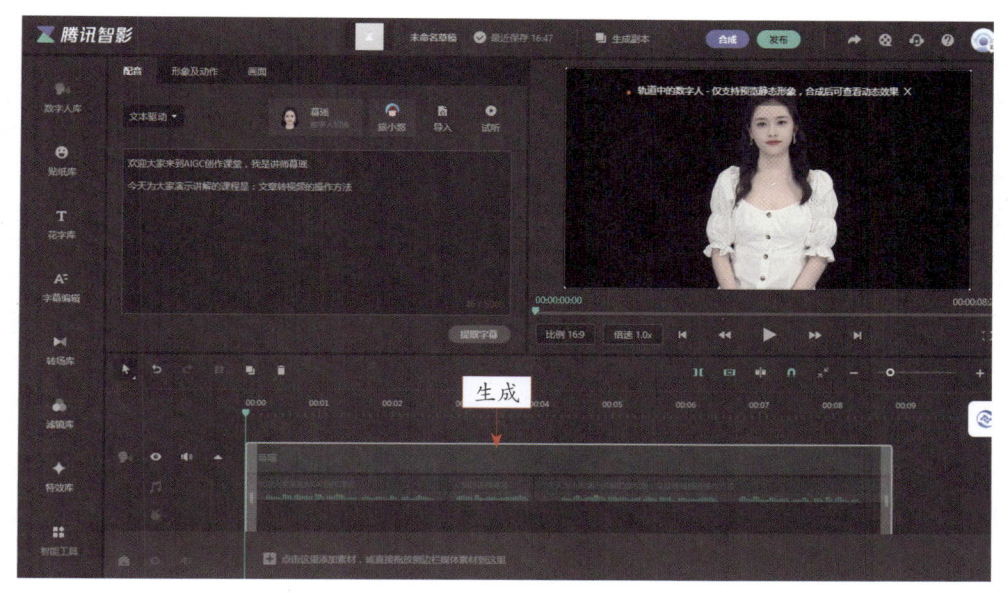

图 11-6 生成数字人同步配音内容

STEP 06 在"数字人编辑"面板中切换至"形象及动作"选项卡，在"服装"选项区中选择"衬衣"选项，如图 11-7 所示。

STEP 07 执行操作后，即可改变数字人的服装效果，如图 11-8 所示。

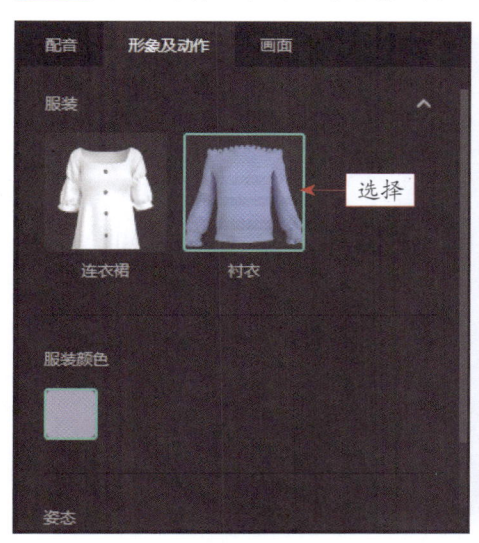

图 11-7 选择"衬衣"选项　　　　　图 11-8 改变数字人的服装效果

STEP 08 在"数字人编辑"面板中切换至"画面"选项卡，在"位置与变化"选项区中设置"X位置"为 –338、"Y 位置"为 0，如图 11-9 所示。

STEP 09 执行操作后，即可改变数字人在画面中的位置，如图 11-10 所示。

193

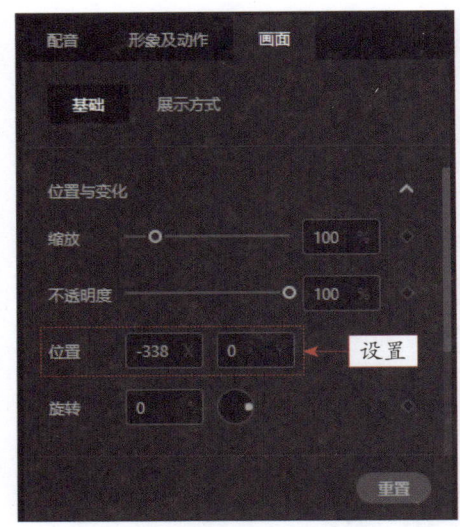

图 11-9 设置"位置"参数　　　　　　图 11-10 改变数字人在画面中的位置

11.2.2 生成 2：第 2 个数字人片段

后面的数字人片段基本与第 1 个数字人形象相同，因此用户在制作时可以通过复制的方法来快速完成，具体操作方法如下。

STEP 01 在"视频剪辑"页面的轨道区中选择第 1 个数字人片段，单击"复制"按钮，如图 11-11 所示。

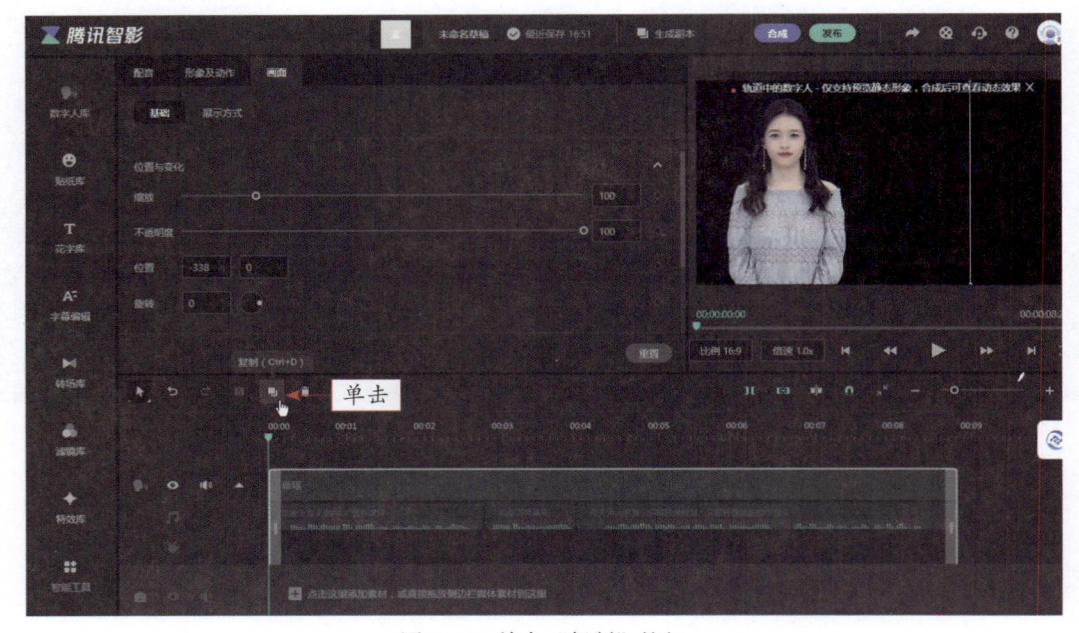

图 11-11 单击"复制"按钮

STEP 02 执行操作后，即可复制一个数字人片段，如图 11-12 所示。

194

第 11 章 生成 AIGC 演示讲解视频

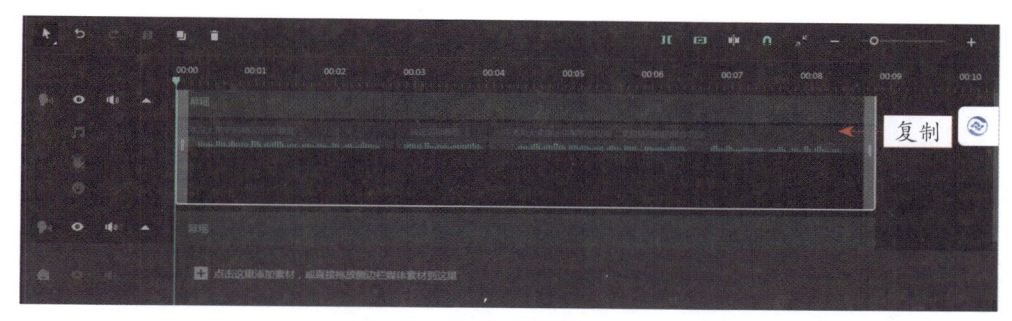

图 11-12 复制一个数字人片段

STEP 03 在复制的数字人片段上按住鼠标左键并拖曳，将其移动至第 1 个数字人片段的后方，如图 11-13 所示。

图 11-13 移动复制的数字人片段

STEP 04 单击"配音"选项卡中的文本框，弹出"数字人文本配音"对话框，输入相应的文案，作为数字人的播报内容，如图 11-14 所示。

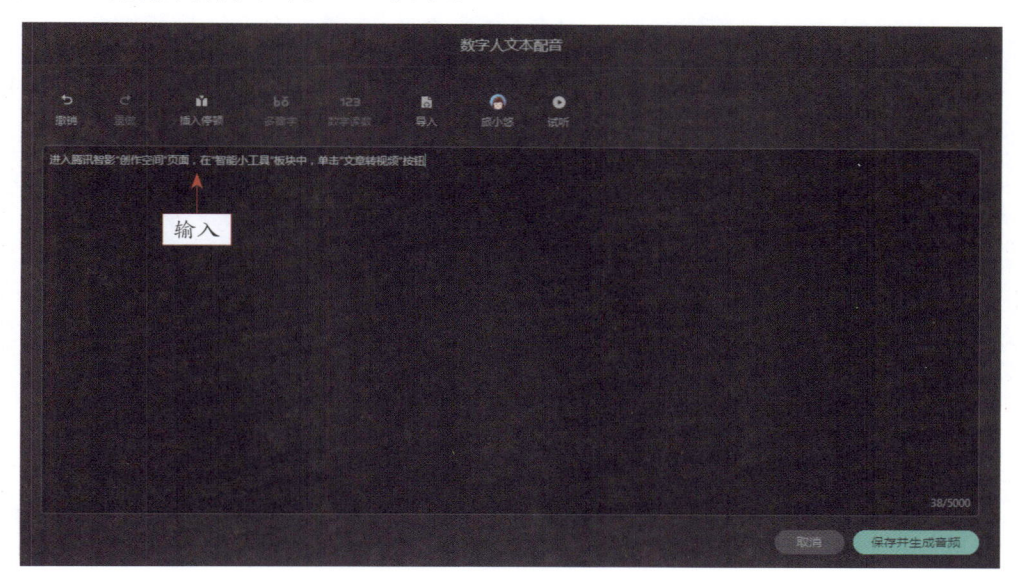

图 11-14 输入相应的文案

STEP 05 单击"保存并生成音频"按钮，即可生成数字人同步配音内容，如图 11-15 所示。

195

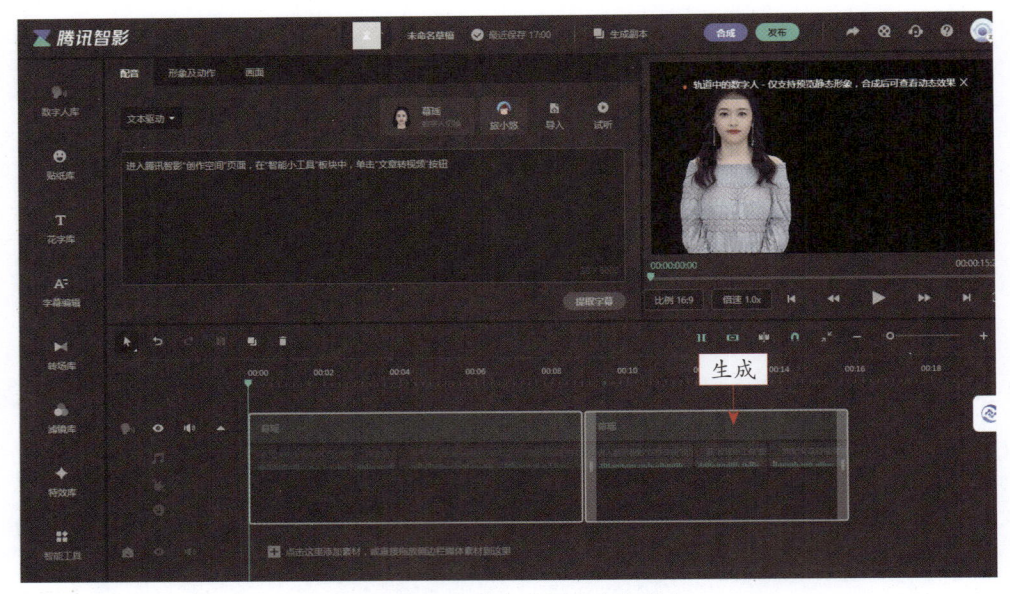

图 11-15 生成数字人同步配音内容

STEP 06 切换至"画面"选项卡,在"位置与变化"选项区中设置"缩放"为 50%、"X 位置"为 –425、"Y 位置"为 180,如图 11-16 所示。

STEP 07 执行操作后,即可改变数字人在画面中的大小和位置,如图 11-17 所示。

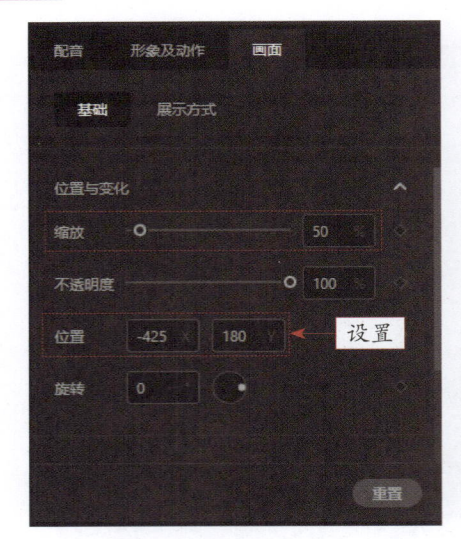

图 11-16 设置相应参数　　图 11-17 改变数字人的大小和位置

STEP 08 切换至"展示方式"选项卡,选择圆形展示方式,如图 11-18 所示。

STEP 09 执行操作后,即可改变数字人的展示效果,并适当调整圆形蒙版的大小和位置,如图 11-19 所示。

STEP 10 在"展示方式"选项卡下方的"背景填充"列表框中选择"图片"选项,展开"图片库"选项区,选择相应的背景图片,如图 11-20 所示。

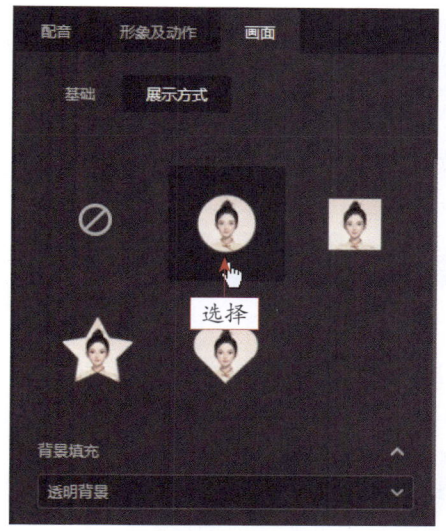

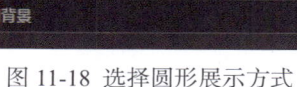

图 11-18 选择圆形展示方式 　　　　图 11-19 调整圆形蒙版的大小和位置

STEP 11 执行操作后，即可改变数字人的背景填充效果，如图 11-21 所示。

图 11-20 选择背景图片 　　　　图 11-21 改变数字人的背景填充效果

11.2.3 生成 3：第 3 个数字人片段

在数字人的制作过程中，一般会采用文本驱动的方式，将需要教学的文本内容与数字人的动作、语音和表情等相结合，让数字人能够在准确的时间点进行相应的表达。下面介绍第 3 个数字人片段的制作方法，主要更换了文字内容，其他设置基本与第 2 个数字人一致，具体操作方法如下。

STEP 01 在"视频剪辑"页面的轨道区中选择第 2 个数字人片段，单击"复制"按钮，复制第 2 个数字人片段，并适当调整其在轨道区中的位置，如图 11-22 所示。

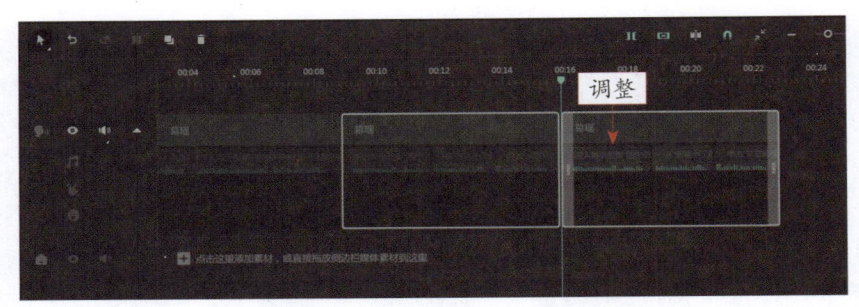

图 11-22 复制并调整数字人片段

STEP 02 选择第 3 个数字人片段，单击"配音"选项卡中的文本框，弹出"数字人文本配音"对话框，输入相应的文案，作为数字人的播报内容，如图 11-23 所示。

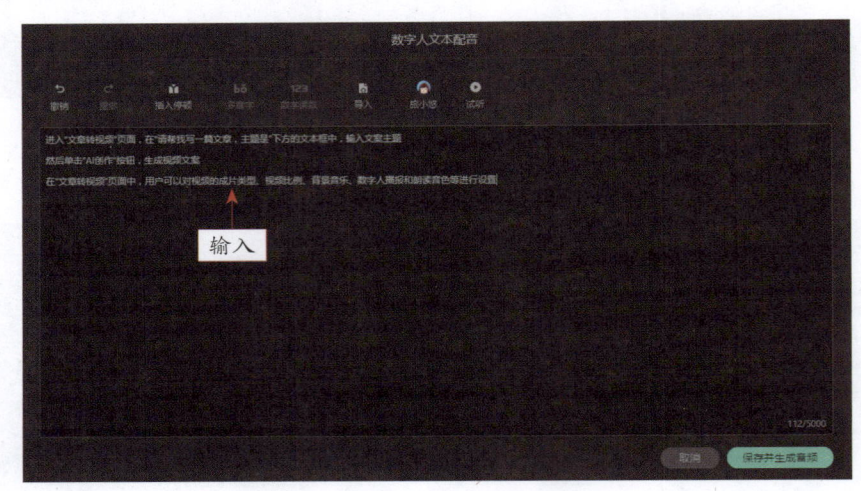

图 11-23 输入相应的文案

STEP 03 单击"保存并生成音频"按钮，即可生成数字人同步配音内容，如图 11-24 所示。

图 11-24 生成数字人同步配音内容

11.2.4 生成4：第4个数字人片段

下面介绍第 4 个数字人片段的制作方法，主要根据培训课程的节奏，更换教学内容的文案，让数字人继续完成后续的讲解，具体操作方法如下。

STEP 01 在"视频剪辑"页面的轨道区中选择第 3 个数字人片段，单击"复制"按钮，复制第 3 个数字人片段，并适当调整其在轨道区中的位置，如图 11-25 所示。

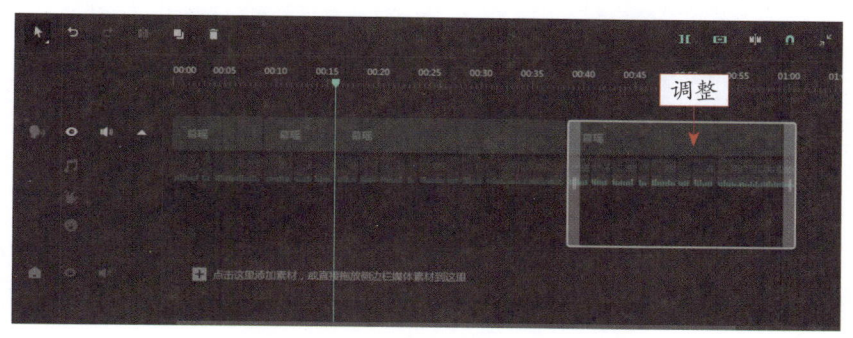

图 11-25 复制并调整数字人片段

> ▶ **专家指点**
>
> 将时间轴拖曳至想要分割的位置处，单击轨道栏中的"分割"按钮，即可完成片段的分割。视频、音频及其他轨道上的元素，均支持分割。

STEP 02 选择第 4 个数字人片段，单击"配音"选项卡中的文本框，弹出"数字人文本配音"对话框，输入相应的文案，作为数字人的播报内容，如图 11-26 所示。

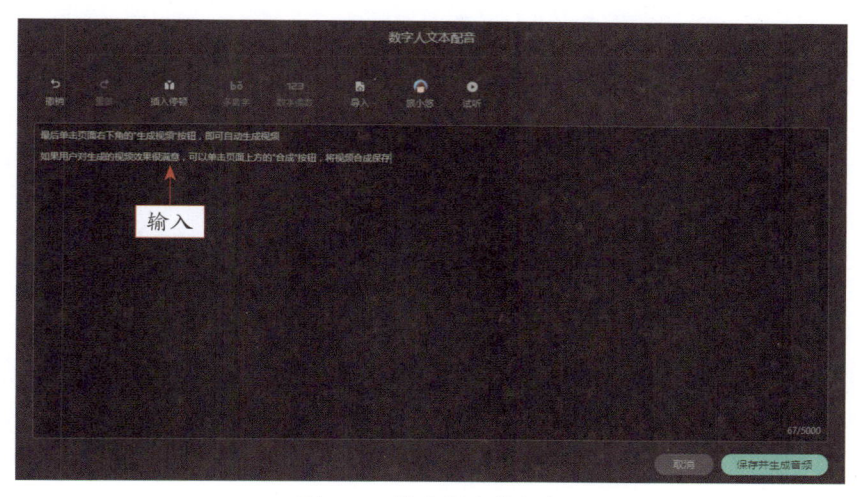

图 11-26 输入相应的文案

> ▶ **专家指点**
>
> 在"数字人文本配音"对话框中单击"导入"按钮，可以直接将文档或记事本中的文本内容导入到文本框中。

STEP 03 单击"保存并生成音频"按钮，即可生成数字人同步配音内容，如图 11-27 所示。

图 11-27 生成数字人同步配音内容

11.2.5 生成 5：第 5 个数字人片段

下面介绍第 5 个数字人片段的制作方法，通过复制第 1 个数字人片段，更换相应的文案内容，将其作为视频的片尾，具体操作方法如下。

STEP 01 在"视频剪辑"页面的轨道区中选择第 1 个数字人片段，单击"复制"按钮，复制第 1 个数字人片段，并适当调整其在轨道区中的位置，如图 11-28 所示。

图 11-28 复制并调整数字人片段

> ▶ 专家指点
>
> 在轨道区中选择想要删除的片段，单击"删除"按钮或按【Delete】键，即可删除所选片段。将鼠标指针移动到相应轨道前面的 标识处，出现"删除"按钮，单击该按钮即可删除当前轨道中的全部内容。

STEP 02 选择第 5 个数字人片段，单击"配音"选项卡中的文本框，弹出"数字人文本配音"对话框，输入相应的文案，作为数字人的播报内容，如图 11-29 所示。

STEP 03 单击"保存并生成音频"按钮，即可生成数字人同步配音内容，如图 11-30 所示。

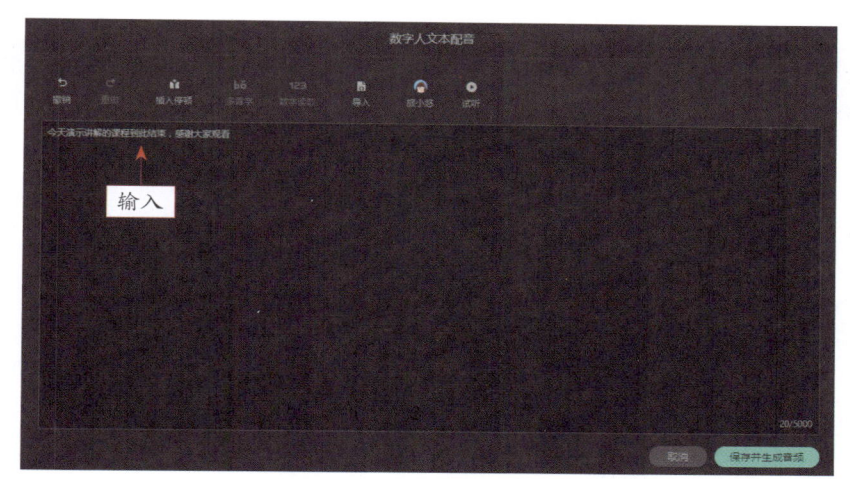

图 11-29 输入相应的文案

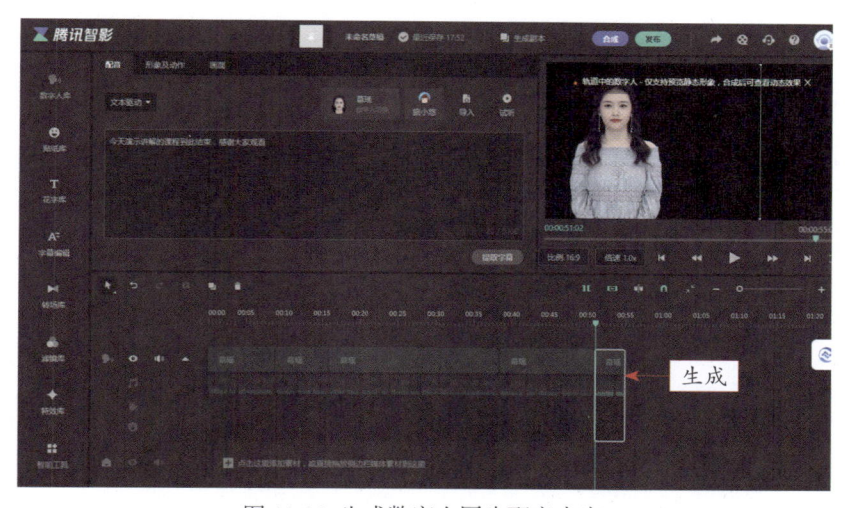

图 11-30 生成数字人同步配音内容

▶ 专家指点

在数字人轨道前面单击"收起"按钮▲，可以将数字人的音频、姿势等轨道折叠起来，如图 11-31 所示，方便用户进行更复杂的剪辑操作。

图 11-31 折叠数字人轨道

11.3 添加 5 个细节元素

本节主要介绍在教育培训数字人视频中添加各种细节元素的技巧，具体包括添加教学背景图片、片头片尾标题、视频讲解字幕、鼠标指示贴纸及视频背景音乐等。

11.3.1 元素 1：添加教学背景图片

通过数字人的语音讲解，同时搭配相应的教学图片内容，可以让学生更好地理解相关知识。下面介绍添加教学背景图片的操作方法。

STEP 01 在"视频剪辑"页面的轨道区中单击 ➕ 按钮，如图 11-32 所示。

图 11-32 单击相应的按钮

STEP 02 执行操作后，弹出"添加素材"对话框，在"上传素材"选项卡中单击下方的空白位置，如图 11-33 所示。

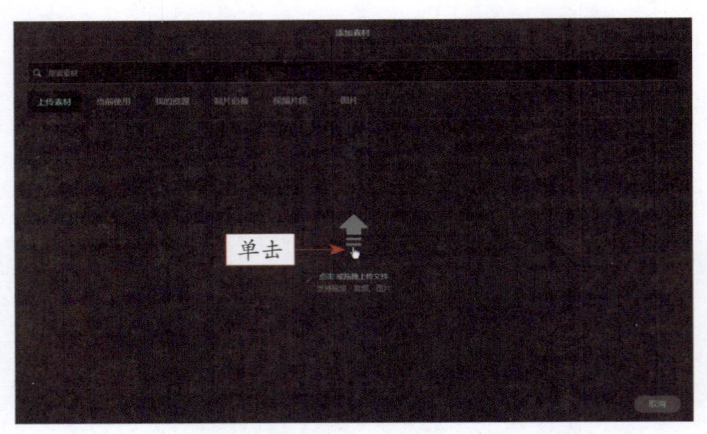

图 11-33 单击"上传素材"选项卡下方的空白位置

▶ 专家指点

如果用户不小心进行了误操作，可以单击"撤销"按钮 ↶ 返回到上一步。单击轨道栏右侧的"放大"按钮 ➕ 和"缩小"按钮 ➖，即可缩放轨道。通过放大轨道，可以帮助用户进行更精细的剪辑操作。

第 11 章 生成 AIGC 演示讲解视频

STEP 03 执行操作后，弹出"打开"对话框，选择相应的图片素材，单击"打开"按钮，即可上传图片素材，如图 11-34 所示。

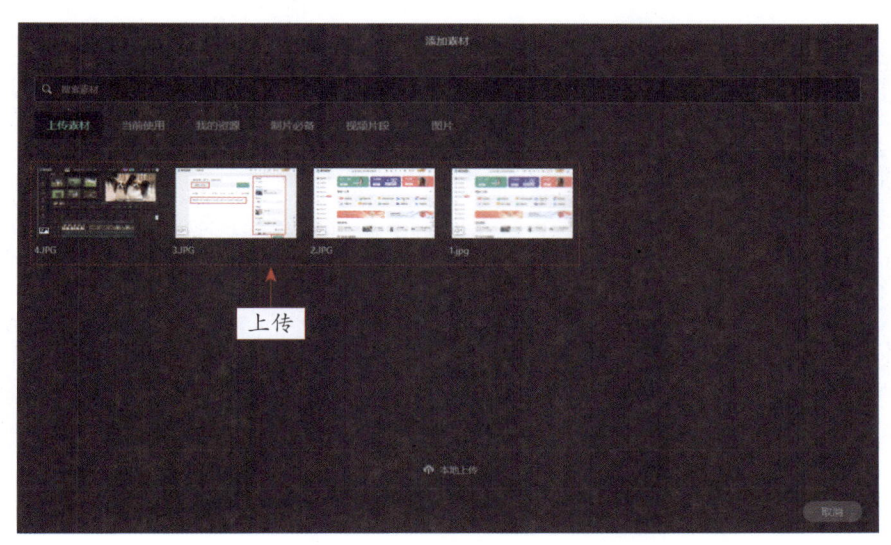

图 11-34 上传图片素材

STEP 04 选择相应的图片素材，弹出"添加素材"对话框，用户可以在此对素材进行裁剪，单击"添加"按钮，如图 11-35 所示。

STEP 05 执行操作后，即可将所选图片素材添加到主轨道中，适当调整视频片段的时长，使其与第 1 个数字人片段一致，如图 11-36 所示。

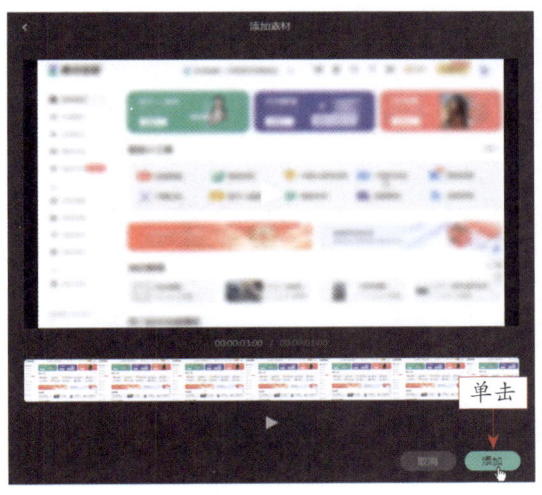

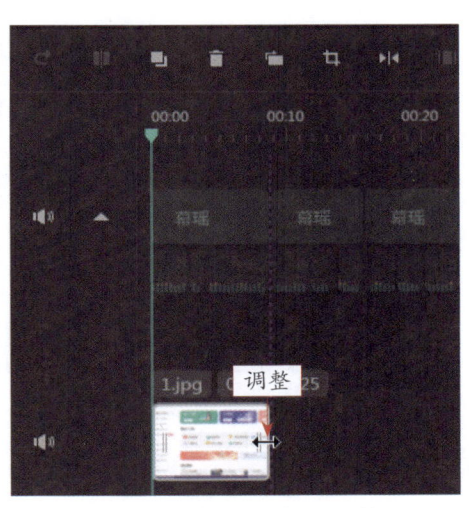

图 11-35 单击"添加"按钮　　　　图 11-36 调整视频片段的时长

▶ 专家指点

　　选择需要旋转的视频片段，单击轨道栏中的"旋转"按钮，画面会顺时针旋转 90°。另外，用户还可以拖曳监视器窗口（即预览窗口）中的旋转图标，或者在编辑区中调节画面的旋转角度。

STEP 06 将时间轴拖曳至第 2 个数字人片段的起始位置处，展开"我的资源"面板，切换至"我的资源"|"图片"选项卡，选择相应的图片素材，单击"添加到轨道"按钮，如图 11-37 所示。

203

剪映 × 即梦 × Premiere × DeepSeek × ChatGPT AI 短视频全攻略

图 11-37 单击"添加到轨道"按钮

STEP 07 执行操作后，即可将图片素材添加到主轨道中，适当调整第 2 个视频片段的时长，使其与第 2 个数字人片段一致，如图 11-38 所示。

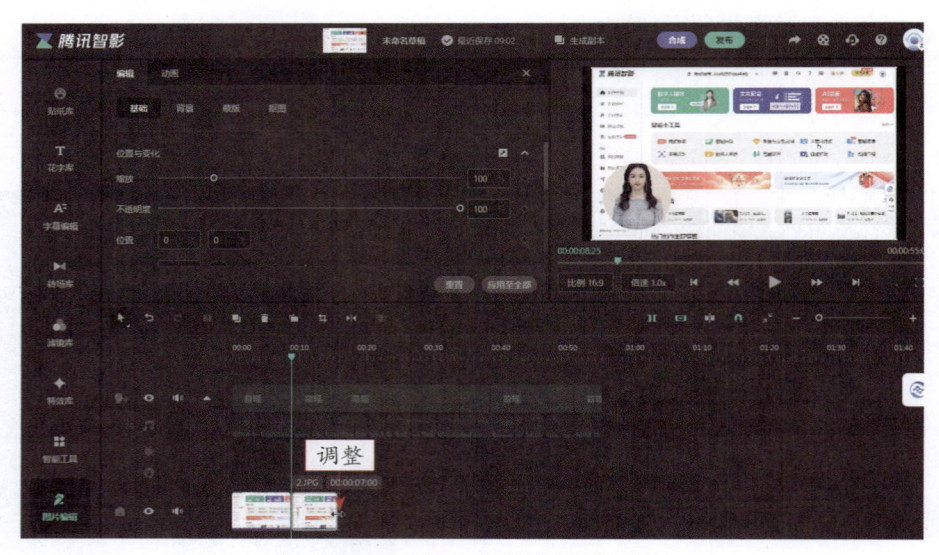

图 11-38 调整第 2 个视频片段的时长

STEP 08 使用相同的操作方法，继续添加其他的背景图片，并适当调整各个视频片段的时长，使其对齐相应的数字人片段，如图 11-39 所示。

STEP 09 复制第 1 个视频片段，并将其拖曳至主轨道的结束位置处，适当调整其时长，使其与最后一个数字人片段对齐，如图 11-40 所示。

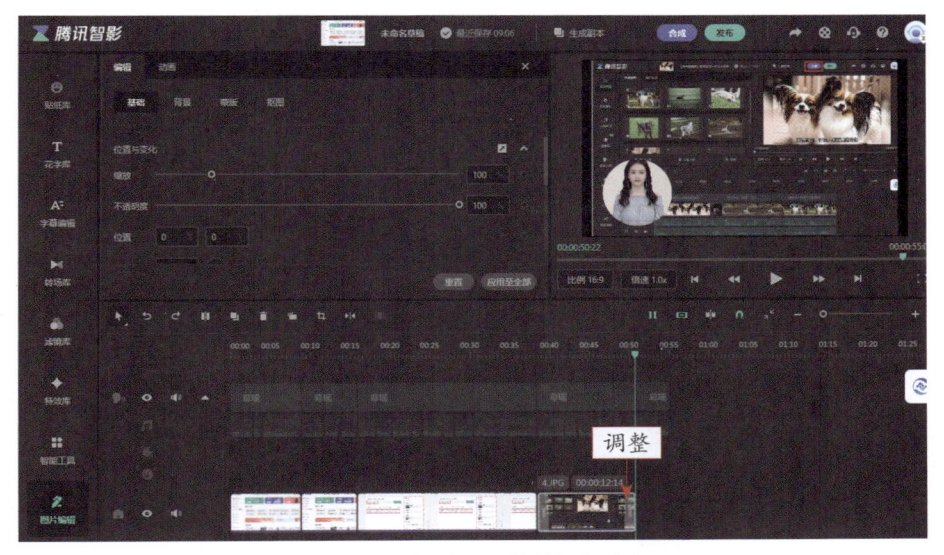

图 11-39 添加并调整其他视频片段

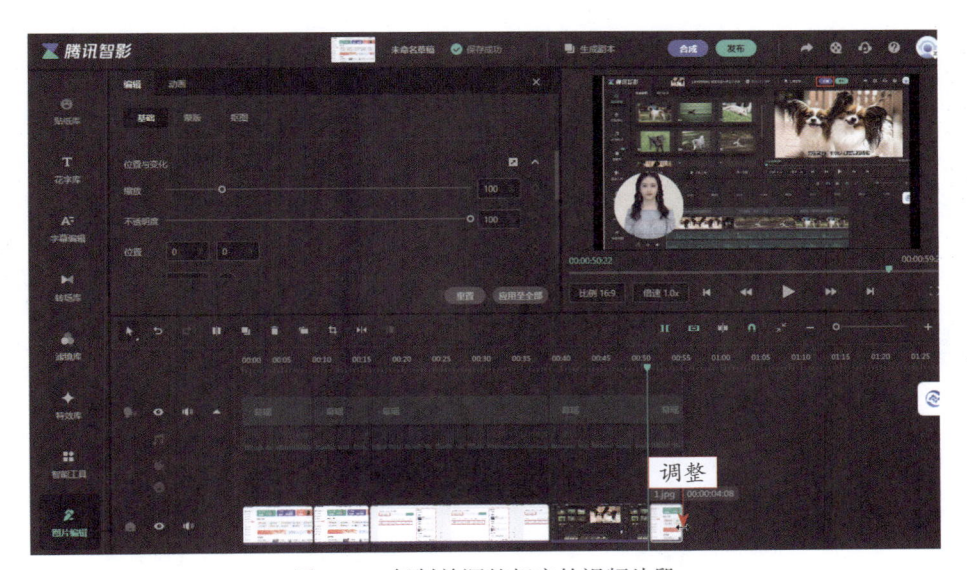

图 11-40 复制并调整相应的视频片段

11.3.2 元素 2：添加片头片尾标题

为数字人视频添加片头片尾标题，可以突出视频的主题和核心内容，帮助学生迅速了解视频的内容和目的，具体操作方法如下。

STEP 01 将时间轴拖曳至起始位置处，展开"花字库"面板，在"花字"选项卡中单击"普通文本"右上角的"添加到轨道"按钮 +，如图 11-41 所示。

STEP 02 展开"花字编辑"面板，在"编辑"|"基础"选项卡中输入相应的文本内容，如图 11-42 所示。

STEP 03 在下方的"预设"选项区中选择相应的预设样式，如图11-43所示。

图 11-41 单击"添加到轨道"按钮

图 11-42 输入相应的文本内容

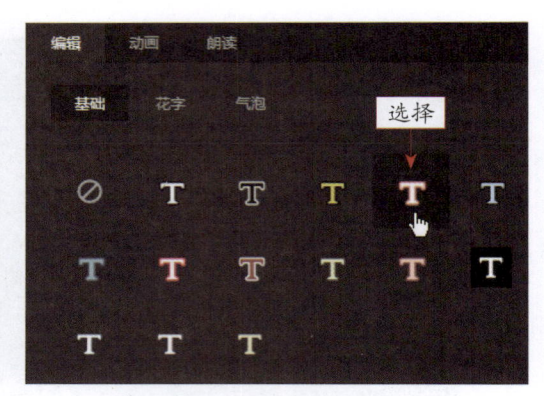

图 11-43 选择相应的预设样式

STEP 04 切换至"气泡"选项卡，选择"会话"选项，改变标题文字的样式，并在预览窗口中适当调整其位置，如图11-44所示。

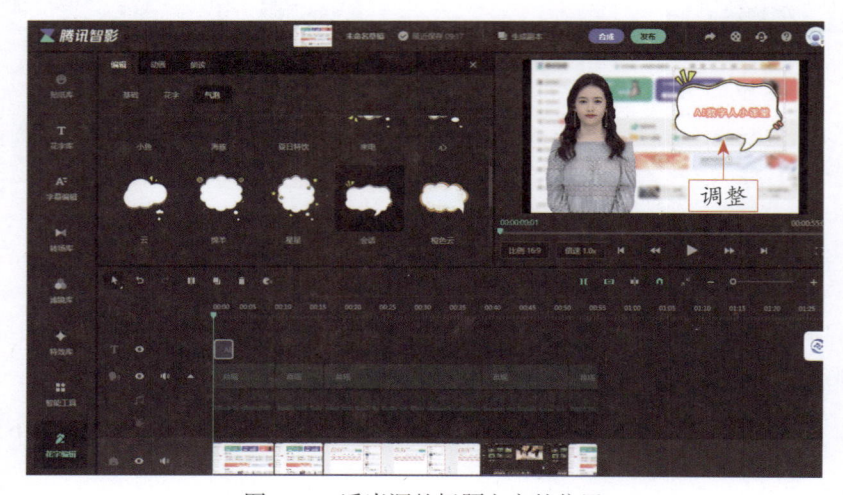

图 11-44 适当调整标题文字的位置

STEP 05 切换至"动画"|"进场"选项卡,选择"打字机 1"动画,如图 11-45 所示,为标题文字添加进场动画效果。

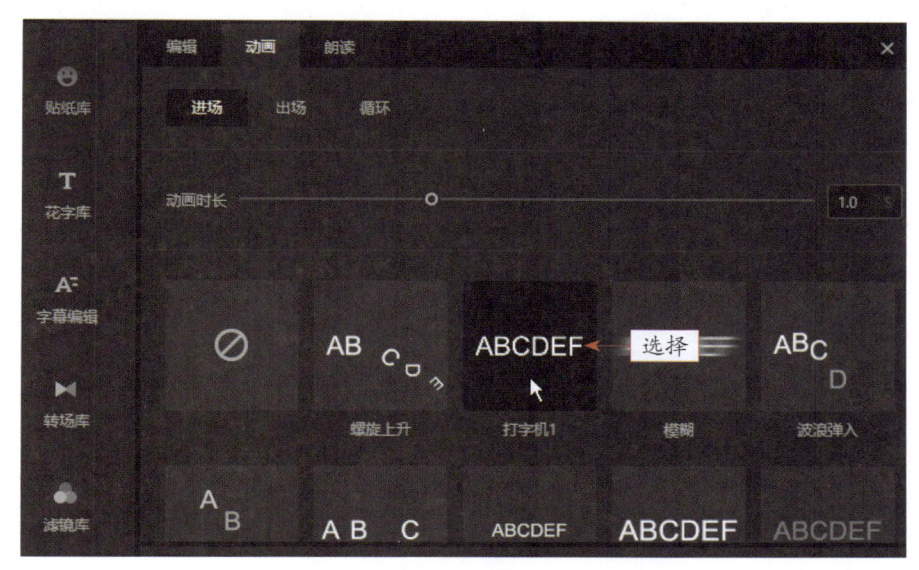

图 11-45 选择"打字机 1"动画

STEP 06 使用与上相同的操作方法,在视频的起始位置处再添加一个普通文本。在"编辑"选项卡中适当修改文字内容,选择相应的预设样式,并适当调整文字的大小和位置,如图 11-46 所示。

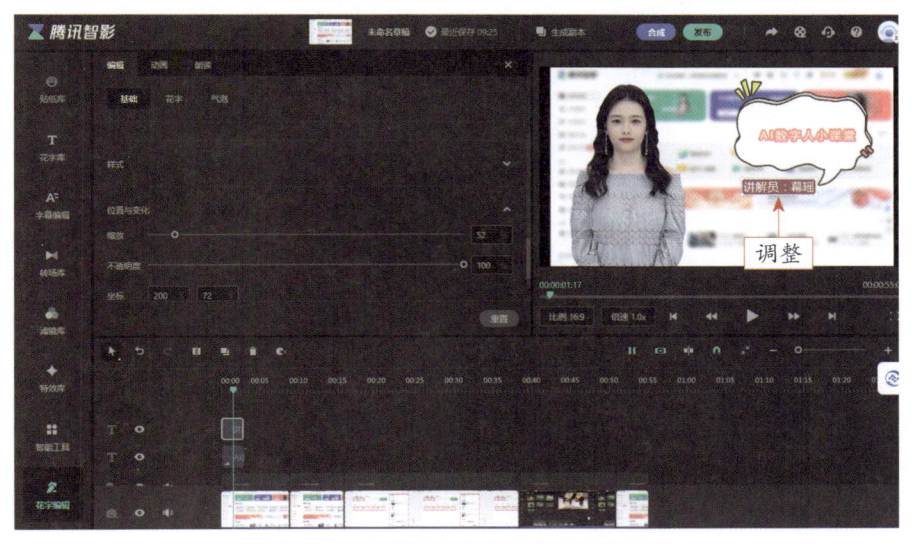

图 11-46 适当调整文字的大小和位置

STEP 07 切换至"动画"|"进场"选项卡,选择"弹入"动画,如图 11-47 所示,添加进场动画效果,然后将两个片头标题文字的时长调整为与第 1 个数字人片段一致。

STEP 08 复制标题文字和副标题文字,将其调整至视频的结束位置处,并将时长调整为与第 5 个数字人片段一致,适当修改片尾标题的文字内容,如图 11-48 所示。

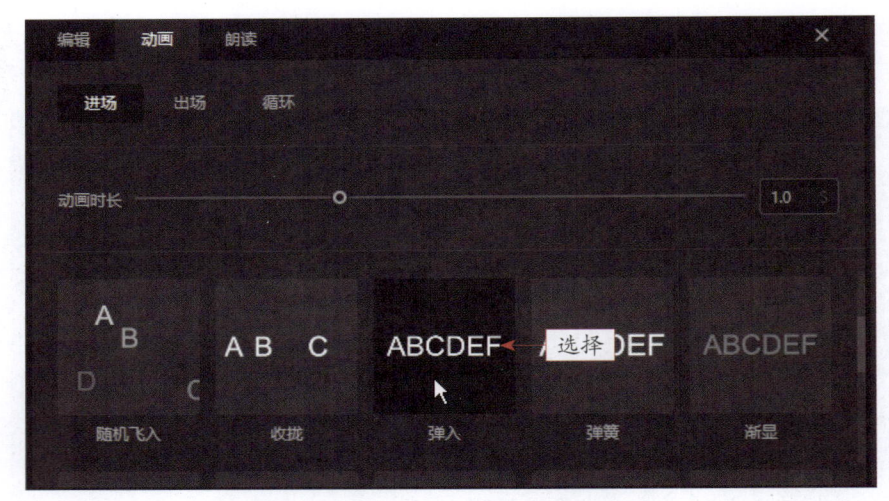

图 11-47 选择"弹入"动画

图 11-48 适当修改片尾标题的文字内容

STEP 09 切换至"气泡"选项卡,选择"感叹"选项,改变片尾标题的文字样式,并调整两个文本的位置和大小,如图 11-49 所示。

图 11-49 调整两个文本的位置和大小

11.3.3 元素 3：添加视频讲解字幕

为数字人视频添加同步讲解字幕，可以为学生提供额外的解释和说明，帮助他们更好地理解和记忆视频中的内容，具体操作方法如下。

STEP 01 选择第 1 个数字人片段，在"数字人编辑"面板的"配音"选项卡中，单击右下角的"提取字幕"按钮，如图 11-50 所示。

图 11-50 单击"提取字幕"按钮

STEP 02 执行操作后，即可提取第 1 个数字人片段中的字幕内容，在预览窗口中适当调整字幕的位置，如图 11-51 所示。

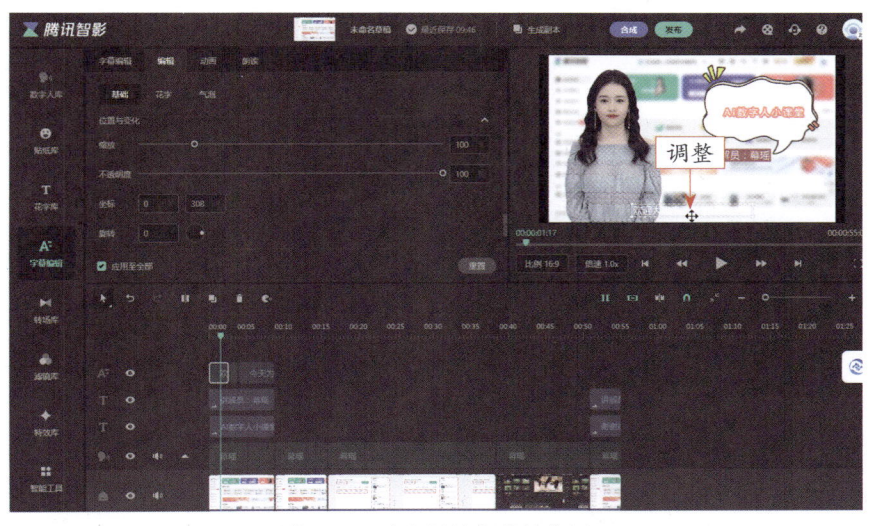

图 11-51 适当调整字幕的位置

STEP 03 切换至"编辑"|"花字"选项卡，选择相应的花字样式，添加花字效果，如图 11-52 所示。

图11-52 添加花字效果

STEP 04 切换至"动画"|"进场"选项卡,选择"打字机1"动画,将"动画时长"设置为最长,单击"应用至全部"按钮,如图11-53所示,即可给其他字幕添加相同的进场动画效果。注意,其他字幕的"动画时长"参数需要单独调整。

图11-53 单击"应用至全部"按钮

STEP 05 使用相同的操作方法,提取其他数字人片段中的字幕,并添加相同的花字样式和进场动画,效果如图11-54所示。

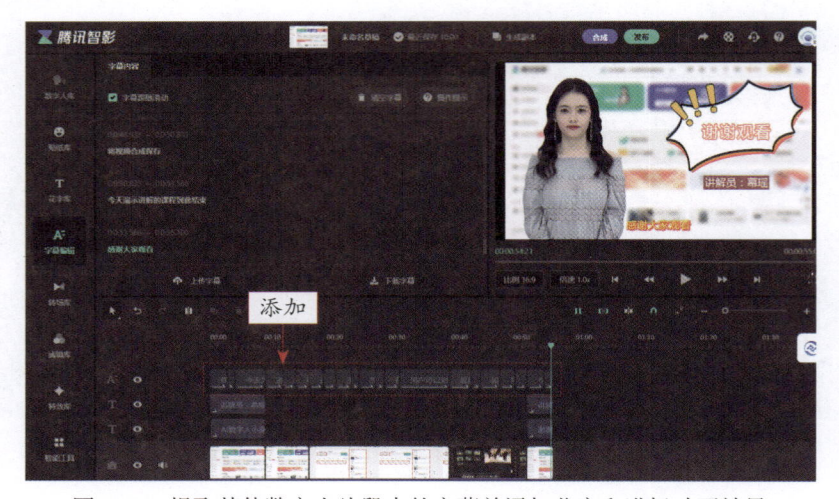

图11-54 提取其他数字人片段中的字幕并添加花字和进场动画效果

11.3.4 元素 4：添加鼠标指示贴纸

为数字人视频添加鼠标指示贴纸效果，可以有效地提高视频的教学效果和学生的学习效率。鼠标指示贴纸可以用于展示重点内容、解题步骤、软件操作等方面的指示，使学生更容易理解和掌握知识。下面介绍添加鼠标指示贴纸的操作方法。

STEP 01 将时间轴拖曳至第 2 个数字人片段的起始位置处，如图 11-55 所示。

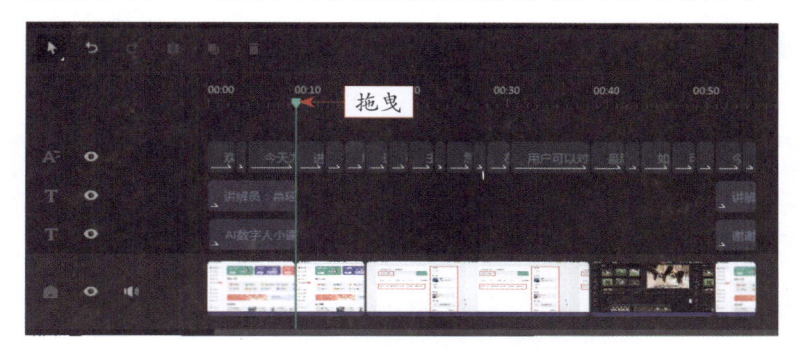

图 11-55 拖曳时间轴

STEP 02 展开"贴纸库"面板，切换至"贴纸"|"视频必备"选项卡，单击"像素白色鼠标"贴纸右上角的"添加到轨道"按钮 ，如图 11-56 所示。

STEP 03 执行操作后，即可添加"像素白色鼠标"贴纸，在"贴纸编辑"面板的"编辑"选项卡中，设置"缩放"为 20%、"X 坐标"为 340、"Y 坐标"为 15，如图 11-57 所示，适当调整贴纸的大小和位置。

图 11-56 单击"添加到轨道"按钮　　　图 11-57 设置相应的参数

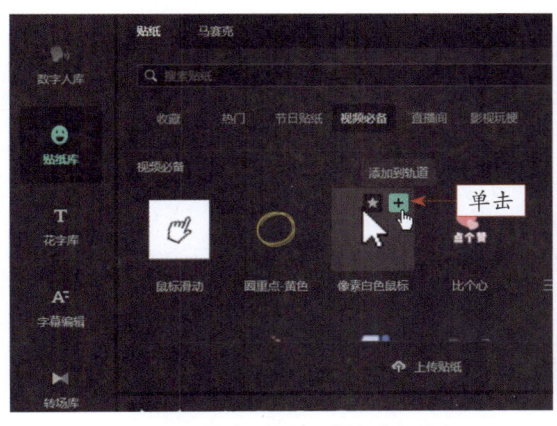

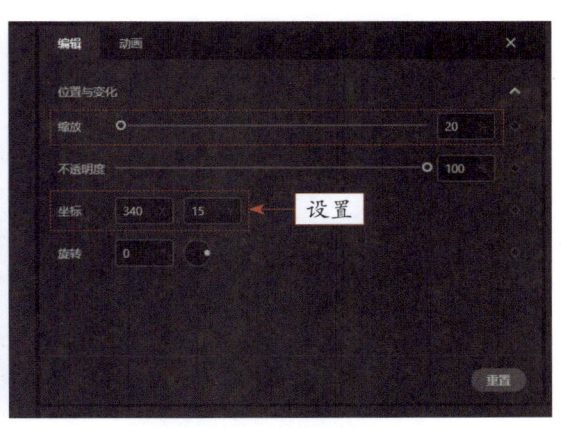

STEP 04 在轨道区中适当调整贴纸的时长，使其与第 2 个数字人片段的时长一致，如图 11-58 所示。

STEP 05 在第 3 段视频素材的位置，多次复制贴纸素材，适当调整其在轨道中的位置和时长，使其对准相应的视频讲解字幕。同时，在画面中适当调整贴纸的位置和旋转角度，效果如图 11-59 所示。

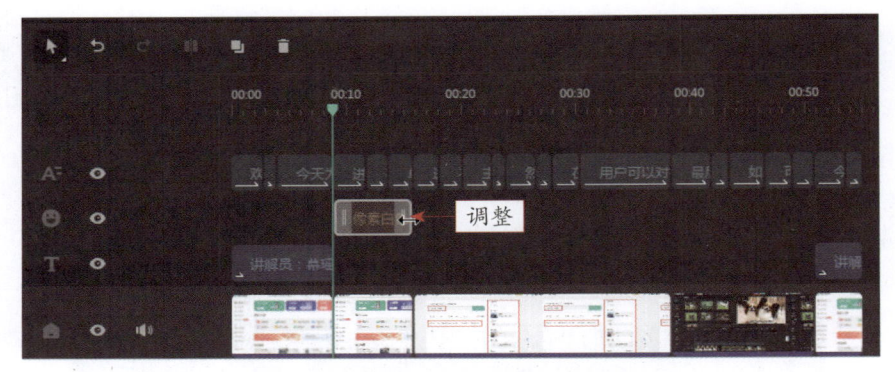

图 11-58 适当调整贴纸的时长

图 11-59 复制并调整贴纸

STEP 06 在第 4 段视频素材的位置，复制第 1 个贴纸素材，并适当调整其在轨道中的位置和时长，使其对准相应的视频讲解字幕。同时，在画面中适当调整贴纸的位置，如图 11-60 所示。

图 11-60 再次复制并调整贴纸

11.3.5 元素5：添加视频背景音乐

背景音乐可以大大提升视频的吸引力和感染力，而且通过添加轻松愉快的背景音乐，还能够减轻学生的紧张情绪，帮助学生更好地专注于视频内容。下面介绍添加背景音乐效果的具体操作方法。

STEP 01 将时间轴拖曳至起始位置处，展开"在线音频"面板，切换至"音乐"|"纯音乐"选项卡，选择一首合适的纯音乐，单击右侧的"添加到轨道"按钮 ，如图11-61所示，即可添加背景音乐。

图11-61 单击"添加到轨道"按钮

STEP 02 在视频结尾的后一秒处（即00:00:55:04位置）分割音频素材，并删除多余的音频片段。同时，在"音频编辑"面板中设置"音量大小"为60%、"淡入时间"和"淡出时间"均为1.0s，降低背景音乐的音量，并添加淡入和淡出效果，如图11-62所示。至此，完成视频的制作。

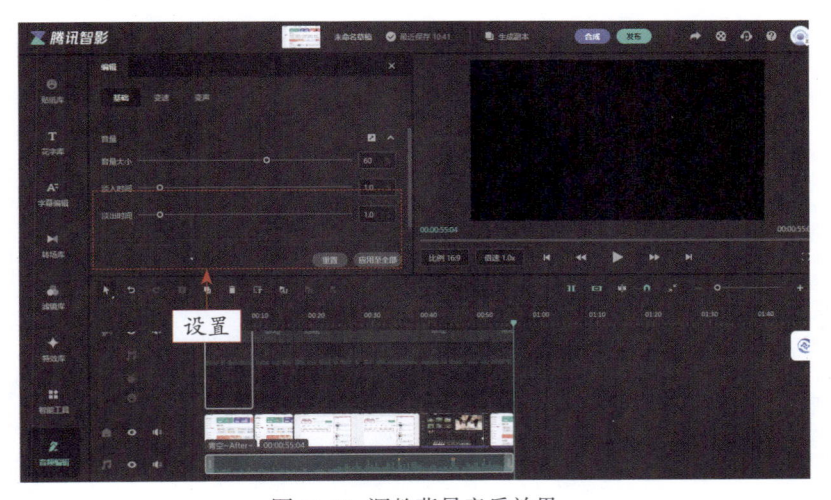

图11-62 调整背景音乐效果